算法竞赛实战笔记

梁博 李睿琦 娄兰 编著

电子工业出版社·
Publishing House of Electronics Industry
北京 · BEIJING

内 容 简 介

近年来，随着互联网和人工智能的广泛应用，算法作为其关键技术的核心，备受学校和企业的重视，算法竞赛更成为算法领域的一颗明珠。本书依托编著者多年算法竞赛的教学积累，全方位地介绍了竞赛中常用的算法及近年来算法竞赛领域最新的研究成果，基于算法竞赛中广泛使用的在线评测网站——洛谷，着重介绍线性数据结构，基础算法，搜索算法，动态规划等方面的知识。

本书适合对算法竞赛感兴趣的青少年阅读，也可作为相关领域教师、计算机专业学生的参考用书。

图书在版编目（CIP）数据

算法竞赛实战笔记 / 梁博等编著. —北京：电子工业出版社，2024.1
ISBN 978-7-121-47012-7

Ⅰ. ①算… Ⅱ. ①梁… Ⅲ. ①计算机算法 Ⅳ. ①TP301.6

中国国家版本馆 CIP 数据核字（2023）第 253763 号

责任编辑：钱维扬
印　　刷：三河市君旺印务有限公司
装　　订：三河市君旺印务有限公司
出版发行：电子工业出版社
　　　　　北京市海淀区万寿路 173 信箱　邮编：100036
开　　本：880×1 230　1/16　印张：15.25　字数：341.6 千字
版　　次：2024 年 1 月第 1 版
印　　次：2024 年 4 月第 2 次印刷
定　　价：78.00 元

凡所购买电子工业出版社图书有缺损问题，请向购买书店调换。若书店售缺，请与本社发行部联系，联系及邮购电话：（010）88254888，88258888。

质量投诉请发邮件至 zlts@phei.com.cn，盗版侵权举报请发邮件至 dbqq@phei.com.cn。

本书咨询联系方式：（010）88254459。

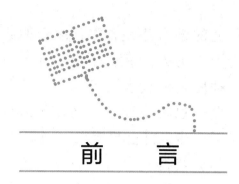

前　言

　　亲爱的读者，我十分荣幸地把本书献给你。你可能是准备踏入算法竞赛大门的学生，也可能是久经考验的赛场高手，或者是工作在一线多年的工程师。虽然我不认识你，但是我知道你一定对算法竞赛充满热情和憧憬。

　　是的，热情。我在小学五年级的时候第一次接触编程。那时候凭一本很薄的VisualBasic 语言编程手册开始自学，是热情让我独立"啃下"深奥的手册，并且尝试写小游戏给全班同学玩。上中学以后，在教练老师的指导下，我开始系统地学习算法，也是热情让我放弃假期和周末，预习大学计算机专业的课程，天天在机房里面刷题、研究算法。面对有几千道题的题库，是热情才能让我支撑下来。

　　但是，只有热情是不够的。学习不能闭门造车，学习资源是否充足，对于竞赛准备来说十分重要。我很荣幸能在拥有丰富资源的顶尖中学里学习。当时国内算法竞赛刚刚起步，我的教练孔维玲老师和王晓光老师去国外的网站搜集学习资料，翻译成中文，用 U 盘复制给我们。我很清楚地记得，孔老师还打印了一张A4 纸交给我，上面密密麻麻地写满了 50 道动态规划算法的题目。这张纸对我来说就是"武林秘籍"，50 道题引领我学会了动态规划算法。老师们还请已经保送清华的学长回来分享学习经验，给我们讲一些"黑科技"的新算法。这些对我的成长都至关重要。

　　现在，虽然网络非常便捷，但是学习资源依旧被强校垄断。竞赛中成绩斐然的中学和大学，有非常厉害的教练老师，有积累多年的题库资源，还有已经毕业的学长、学姐回来分享经验。而对于没有资源的初学者，入门会遇到各种困难。竞赛算法脉络繁多，知识点之间相互依赖、错综复杂，按照什么顺序学习？各种在线评测网站上的题目动辄上千条，怎么做题训练？每道题目是考查什么算法？对于我想学习的算法如何找到对应的练习题？而且，算法的知识梳理和题目的题解往往都源于热心同学的博客，有的语焉不详，有的只能针对特定问题，有的甚至还埋藏一些错误。对于初学者来说，难点不一定是找不到资料，而是找到好几份互相矛盾、写法不同的资料，不知道哪一份才是对的，也不知道正确的学习路线。

　　本书的初衷，就是不辜负每个读者的热情。我与李睿琦、娄兰两位老师根据北京大学附属中学和北京师范大学第二附属中学多年的竞赛授课经验，总结出合适的学习路线，并且配套例题和习题集，让读者能身临其境地感受强校训练的氛围。另外，我们不会故作高深，这本书语言力图做到通俗易懂，并且用 100 余张插图辅助读者理解算法。希望能够营造出与读者聊天的氛围，一步一步地分析问题。也希望读者在阅读的时候，跟着思考，并且不时地停下来看看自己能否想到下一步。自己想明白一道题，激动到像阿基米德一样喊出一句"尤里卡！"的时候，你会获得发自内心的成就感。

算法竞赛和体育竞赛一样，重要的是"训练"而不是"学习"。只看一遍，而不实际把程序写出来，是不能真正学会一个算法的。在之前很多介绍算法的著作上，都没有提供对应的在线做题环境，或者使用国外的、小众的在线评测网站，不方便提交。目前，算法竞赛领域最著名的在线评测网站之一就是洛谷，在本书成书之际，洛谷的总用户数刚刚突破 100 万人。非常感谢洛谷平台对本书的支持，书中所有例题和习题都可以直接在洛谷上提交评测。希望读者把每一道题都自己做一遍，同时通过评测进行验证，确保真正学会。

关于阅读本书的门槛，读者只需要具备一些基本的 C++ 语言编程知识和能力即可。一些略微复杂的语法知识，比如，结构体的构造函数和动态数组的用法，本书会展开介绍。不用有任何心理负担，跟我们一起出发吧！当然，由于我们面向刚刚起步的算法竞赛爱好者，所以一些概念我们不会给出非常学术化的定义和描述。如果有兴趣，可以以本书为路标，继续探索更深入的知识。

由于篇幅有限，本书只选择了一部分在算法竞赛入门阶段最为重要的基础数据结构和基础算法进行介绍，力求做到对于基础算法的各种变形全面覆盖，比如，介绍了动态规划算法的分组背包、二维费用背包等在其他著作中不太常见的算法，以及高精度计算中不太常见的除法取余算法，希望把这些只在传统强校中口口相传的"秘术"展现出来，避免读者在学习这些重要的基础算法时只能"蜻蜓点水"，知其然不知其所以然。

本书经过接近三年的修改与编辑，终于出版面世。非常感谢电子工业出版社的支持，感谢钱维扬编辑不厌其烦地修改语言问题，打磨细节。除了编著者外，本书部分章节由中国人民大学附属中学吴习哲编写，插图由北京化工大学王帆同学、首都师范大学梁爽同学绘制。也感谢对本书编写工作提供帮助和提出宝贵意见的老师们：北京市十一学校信息学竞赛教练汪星明老师、北京一零一中学信息学竞赛教练董华星老师、清华大学附属中学教练徐岩老师、北京师范大学第二附属中学信息学竞赛教练王析多老师、北京大学附属中学信息学教练杜昊老师。本书内容源于多年教学实践和教师交流，感谢北京大学附属中学信息中心毛华均老师，首都师范大学附属中学杨森林老师等前辈给予的无私奉献和大力推动，促进了北京算法竞赛的发展。感谢东北师范大学附属中学教练王晓光老师、孔维玲老师启蒙我的算法竞赛之路。

虽然几经删改和审阅，但是由于编著者水平有限，难免有不足和疏漏之处。如有错误或者意见，欢迎与编著者探讨，联系方式：微信公众号"信息学奥赛梁老师"。

希望本书不辜负每一份热情！

梁　博

《算法竞赛实战笔记》图书配套教学视频课程
14 个专题，61 节课，近 9 小时的实战操作教学视频
扫描右侧二维码即可获取课程 50 元优惠券

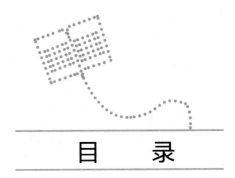

目 录

第 0 章

一些不那么常识的常识

很多初学者时常会抱怨，算法竞赛是个小圈子游戏，圈外人很难入门，不知道学什么，不知道考什么，不知道怎么写题，也不知道在哪里练习。曾经有一位初学者跟我们交流，他苦心研究竞赛两年，把最近十年的比赛题都做了一遍，结果到考场上才发现，他做的是初赛试题，过了初赛进入复赛才是真正的比赛。他甚至没有写过一行程序，因为初赛考查的都是理论知识，而复赛才是"真刀真枪"地写程序。

本章力图给初学算法的"门外汉"一个入门指南，希望对自学的读者起到指路明灯的作用，知道了正确的方向才不会南辕北辙。

0.1　本地编程环境的配置

千里之行始于足下，学习算法，最重要的就是亲手写下每一行代码，而不是纸上谈兵。本地编程环境的配置在不同操作系统中不同，并且不同软件的配置方式也不同，这里分别介绍一下。

0.1.1　在 Windows 系统上安装使用 Dev C++

在 Windows 系统中，Dev C++一直以来都是比较流行的集成开发环境（IDE）。它的特点是免费、轻便，非常适合入门阶段的读者使用。不过 Dev C++的版本比较混乱，网上可以查到很多不同公司和个人提供的不同版本，鱼龙混杂，甚至个别安装包中还暗藏病毒和广告。

比较推荐 Embarcadero 公司维护的 Dev C++版本，它比较干净，且默认支持 C++14，实验性支持 C++17，非常适合练习最新的语法规则。网络环境比较好的读者，可以从 github 下载最新版 TDM-GCC 的安装包。

大家也可以直接从我们的公众号中获取下载链接（公众号名称：信息学奥赛梁老师，关注后回复"dev"）。

下载完毕后解压缩，可以得到 Dev C++ 安装包，如图 0.1 所示。

图 0.1 Dev C++安装包

双击运行安装包，选择安装语言。通常情况下选择默认的"Chinese(Simplified)/Hanyu (Jiantizi)"即可，表示简体中文，如图 0.2 所示。

图 0.2 选择安装语言

下一步选择接受许可证协议，如图 0.3 所示。

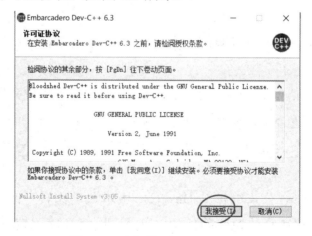

图 0.3 选择接受许可证协议

下一步选择组件，保持默认，单击"下一步"按钮即可，如图 0.4 所示。

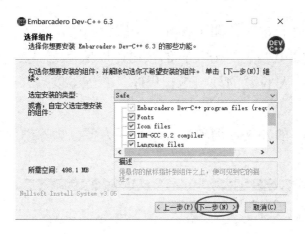

图 0.4　选择组件

最后选择安装位置，通常如果 C 盘空间足够，可以保持默认，如图 0.5 所示。

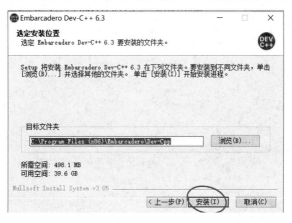

图 0.5　选择安装位置

安装完毕后，双击桌面上的图标即可打开软件，打开后的 Dev C++界面如图 0.6 所示。

图 0.6　Dev C++界面

单击右侧的"新文件"按钮，即可打开一个编程界面（见图 0.7 中标注的 1 号位置），可以输入自己的程序。图 0.7 中 2 号位置的按钮可以保存文件，3 号位置的按钮功能是编译，编译成功以后，按 4 号位置的按钮运行程序。熟练了以后，可以按 5 号位置的按钮，同时编译和运行。

可以看到，Dev C++的安装很简单，使用也很方便。大家熟练了以后，可以尝试安装更复杂的集成开发环境。

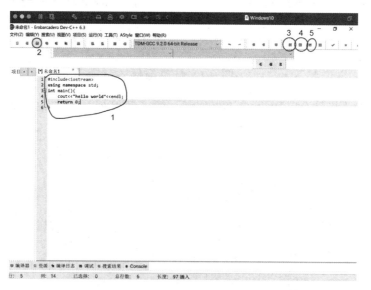

图 0.7　编程界面

0.1.2　在 MacOS 系统上安装 Xcode

如果使用苹果电脑，则可以安装 Clion 或者 Xcode。其中，Clion 是收费的，Xcode 是官方提供的免费工具。这里介绍一下 Xcode 的安装使用方法。

首先打开苹果电脑上的苹果商店，在左侧搜索 Xcode，如图 0.8 所示，找到以后，单击"获取"按钮。

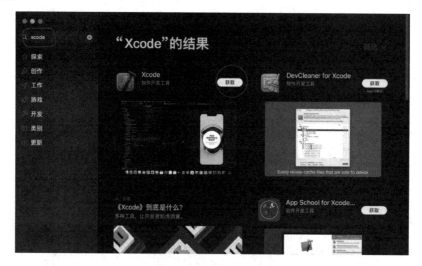

图 0.8　搜索 Xcode

软件比较大，需要耐心等待下载。待安装完成后，单击"打开"按钮，如图 0.9 所示。

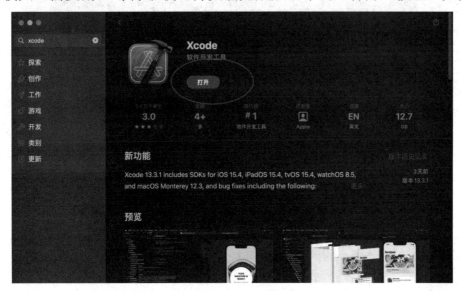

图 0.9　安装完成

第一次打开需要同意相关条款，直接单击"Agree"按钮，进入软件。单击"Create a new Xcode project"按钮，创建一个新项目，如图 0.10 所示。

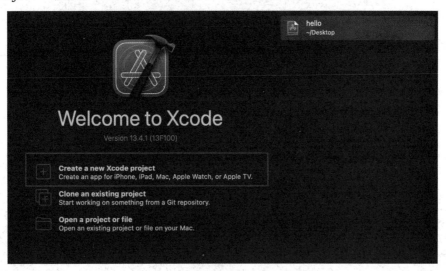

图 0.10　创建一个新项目

在上方标签处找到 macOS，选择项目类型"Command Line Tool"，单击右下角的"Next"按钮，如图 0.11 所示。

输入项目信息，在"Language"处选择"C++"，单击"Next"按钮，如图 0.12 所示。

进入项目页面，双击左侧的"main"选项，就可以找到已经自动写好的"Hello World"程序，左上角的三角形按钮就是运行按钮。在右下方找到控制台按钮，单击一下展开控制台，可以看到程序运行结果，如图 0.13 所示。

图 0.11 选择项目类型

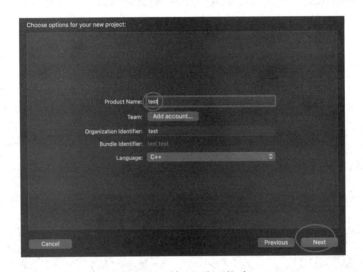

图 0.12 输入项目信息

图 0.13 程序运行结果

0.2　在线评测系统——洛谷

当前的算法竞赛环境和十几年前相比，有着翻天覆地的变化。十几年前，学生们每次写完程序以后，要用 U 盘把程序源文件复制给老师，老师统一测试以后，告诉每个人答案是否正确，这样来来回回效率非常低。而现在有很多优秀的在线评测（Online Judge，OJ）系统，可以直接在线看题，评测是否正确，并且具备讨论、题解等社区功能。近几年，最优秀的 OJ 系统就是洛谷了。本节介绍洛谷的入门使用方法。为了方便练习，本书中所有的例题和习题均标注洛谷上的题号。

0.2.1　注册洛谷

搜索打开洛谷首页（见图 0.14），第一次使用需要注册。

图 0.14　洛谷首页

按照要求填写用户名、密码、邮箱等信息，完成注册，如图 0.15 所示。

图 0.15　注册洛谷

注册完成后，就有了洛谷账号，回到首页使用洛谷账号登录即可。

0.2.2 提交题目

接下来尝试做题。单击页面左侧的"题库"按钮选择题目，或者在"问题跳转"处输入题号进入题目页面。以"P1000 超级玛丽游戏"为例，直接在"题库"中单击题目名字，或者在"问题跳转"处输入题号"P1000"按回车键，即可看到如图 0.16 所示页面。

图 0.16　超级玛丽游戏

页面右上角的时间限制是此题代码运行的最长时间，内存限制是此题代码运行能使用的最大内存。单击左上角的"提交答案"按钮，在答题框内输入代码。完成后，单击"提交评测"按钮，评测系统就会对提交的代码进行评测。评测结果很快会出现。

可以在提交文件界面选择语言版本，不同的语言版本在编译和运行方面都会有微小的区别。一般情况下，选择"自动识别语言"即可，如图 0.17 所示。如果主要参加 CSP/NOIP 等竞赛，则这些竞赛默认使用的是 C++14 语言版本，编译器版本是 GCC9。为了与比赛环境保持一致，可以手动选择 C++14(GCC9)。

耐心等待一会儿，完成评测后，系统会返回评测点的状态，图 0.18 中显示的"AC"表示 Accepted（答案正确），下方的"3ms"和"692.00KB"分别表示程序评测该测试点的使用时间和内存。本题只有一个测试点，其他题目可能有很多个测试点，必须每个测试点都是"AC"才能通过本题，拿到这道题的满分。

除"AC"之外，还有几个不同的测试状态：

● WA：Wrong Answer，答案错误。

● CE：Compile Error，编译错误。

- RE：Runtime Error，运行时错误。
- TLE：Time Limit Exceeded，超出时间限制。
- MLE：Memory Limit Exceeded，超出内存限制。
- OLE：Output Limit Exceeded，输出超过限制。
- UKE：Unknown Error，出现未知错误。

图 0.17　提交文件界面

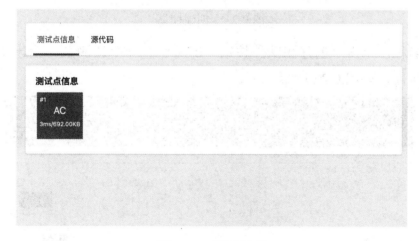

图 0.18　测试结果

0.2.3　团队管理

除了学生自己做题训练，洛谷也为教练、老师提供一些辅助功能。例如，老师可以在洛谷上创建团队，在团队里面发布作业，创建比赛，查看学生作业完成情况和考试成绩等。

先演示如何创建团队。将鼠标悬浮在洛谷主页右上角的头像上，便会出现一个菜单，如图 0.19 所示，单击"我的团队"按钮，即可进入团队页面。

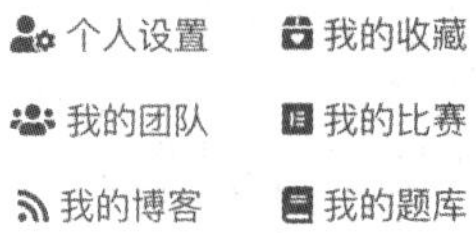

图 0.19　悬浮菜单

在团队页面，单击"创建团队"按钮，如图 0.20 所示。

图 0.20　团队页面

此时会显示创建团队需要遵守的规则和可创建团队的数量，如图 0.21 所示。

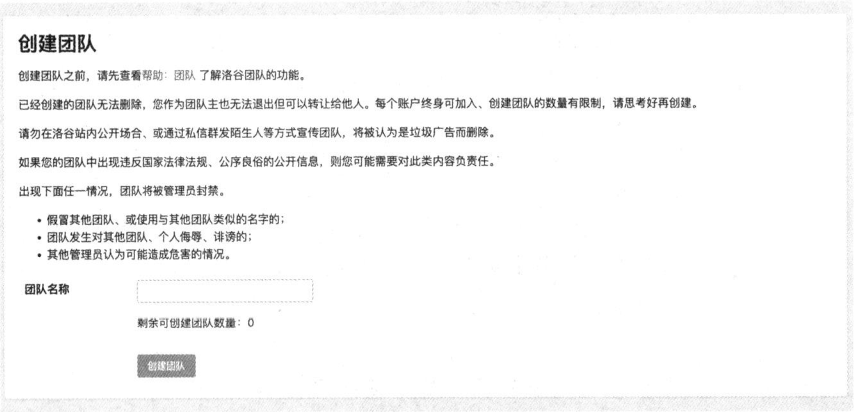

图 0.21　创建团队

输入团队名称，单击"创建团队"按钮，即可创建一个新团队。创建完团队后，能够看到团队管理页面，如图 0.22 所示。

图 0.22　团队管理页面

在"概览"标签页,可以编辑团队公告(团队内所有人都能看到),还可以查看团队内讨论区的内容。在浏览器地址栏复制当前网页的网址,发给学生。学生按网址打开后,即可申请加入本团队。

单击进入团队管理页面的"作业"标签页,如图 0.23 所示。

图 0.23 进入"作业"标签页

单击"新建作业"按钮,即可进入添加团队作业的页面。

洛谷的团队作业都是题单的形式,在此处需要填写题单的基本信息,填写完后,单击"保存"按钮,进入题单内容页面。随后,单击上方菜单栏的"题目编排"按钮,在"搜索题目"处填写题号,单击"添加"按钮,即可将题目添加到题单中,如图 0.24 所示。

图 0.24 创建团队作业题单

在"题目"标签页,可以查看团队内的题目或自己出题。单击"新建题目"按钮,可以进入出题页面,分别如图 0.25 和图 0.26 所示。按照要求填写题目的相关信息即可。

随后需要进行的是测试点的生成和上传。测试点需要以压缩包的形式上传,具体的上传和配置要求如图 0.27 所示。

生成测试点的流程如下:

(1)编写标准答案程序,简称标程。

(2)编写题目的输入和输出数据,输入数据的后缀是".in",使用标程运行输入数据并输出,输出数据的后缀是".out"。多组数据使用末尾的数字进行区分,如 test1.in、test2.in、test1.out、test2.out。

(3)对输入数据和输出数据进行压缩(zip 格式,不能含有其他文件)。

(4)在"数据点配置"页面上传测试点。

图 0.25　创建题目 1

图 0.26　创建题目 2

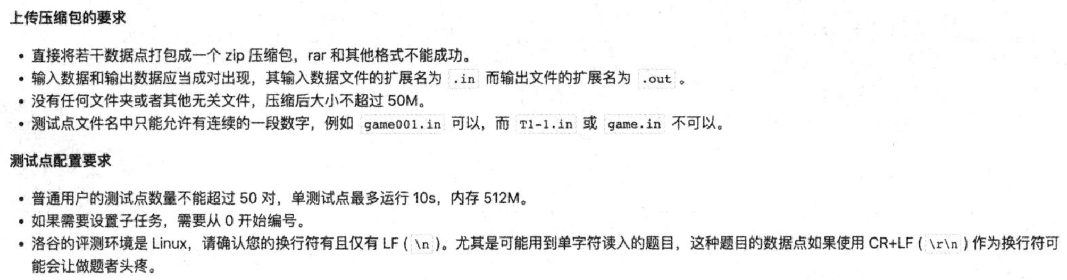

上传压缩包的要求

- 直接将若干数据点打包成一个 zip 压缩包，rar 和其他格式不能成功。
- 输入数据和输出数据应当成对出现，其输入数据文件的扩展名为 `.in` 而输出文件的扩展名为 `.out` 。
- 没有任何文件夹或者其他无关文件，压缩后大小不超过 50M。
- 测试点文件名中只能允许有连续的一段数字，例如 `game001.in` 可以，而 `T1-1.in` 或 `game.in` 不可以。

测试点配置要求

- 普通用户的测试点数量不能超过 50 对，单测试点最多运行 10s，内存 512M。
- 如果需要设置子任务，需要从 0 开始编号。
- 洛谷的评测环境是 Linux，请确认您的换行符有且仅有 LF (`\n`)。尤其是可能用到单字符读入的题目，这种题目的数据点如果使用 CR+LF (`\r\n`) 作为换行符可能会让做题者头疼。

图 0.27　测试点的上传和配置要求

第1章

线性数据结构

数据结构是在程序里面组织和存储数据的艺术。学会正确选用数据结构，可以大大提高程序的运行效率。本章首先简单叙述数据结构的概念，其次介绍 3 个最常用的线性数据结构：栈、队列和前缀和，最后简单介绍树的概念。希望通过本章的学习，大家能初步掌握时间复杂度评估的概念，学会使用基础数据结构。

1.1　数据结构

本节介绍数据结构的定义、数据结构的运算和线性数据结构，为后续学习打下理论基础。

1.1.1　数据结构的定义

数据结构是相互之间存在一种或多种关系的数据元素的集合，以及该集合中元素之间的关系。这个科学定义比较抽象，如何理解呢？

让我们一起假想一个实际场景：请编写一个程序，输入 3 个整数，找出这 3 个整数中最小的数字。

不妨设 3 个变量 a、b、c，用于存储输入的 3 个整数，输入完成以后，假设 a 是最小的。将 a 和 b 进行比较，如果 b 比 a 小，则把 b 的值赋给 a。此时，a 里面存储的一定是 a 和 b 中的较小值。再比较 a 和 c，如果 c 比 a 小，则把 c 的值赋给 a。完成这个步骤后，a 中存储的是 3 个数中的最小值，实现上述步骤的程序如下：

```
#include<iostream>

using namespace std;

int main() {
    int a, b, c;
    cin >> a >> b >> c;
```

```
    if (b < a) a = b;
    if (c < a) a = c;
    cout << a << endl;
    return 0;
}
```

上述问题并不难解决，但是如果数字增多，问题就会变得非常棘手。比如数字增加到 10 个，需要定义 a、b、c、d、e、f、g、h、i、j 等 10 个变量，if 语句也需要罗列 10 句。如果是 100 个数字呢？如果是 1000 个数字呢？遇到这样的困难,归根结底是因为数字之间没有建立关系，所有的数字都是独立分散存储的。

如果换一个思路，使用数组来存储，问题就会变得很容易处理。数组就是一种最基础、最常见的数据结构。它的特点就是，把一组相同类型的数字，按照线性方式，存储在连续相邻的位置上。此时所有数字都可以用一个名字来表示，比如 a，用数组下标来区分这是数组中的第几个元素。此时输入可以用循环，输入完成后，假设 a[0]是最小的，则依次把 a[0]与后面每个元素比较，如果发现更小的，就赋值给 a[0]，这样对于 100 个数字的问题，代码如下：

```cpp
#include<iostream>

using namespace std;
const int MAXN = 100;

int main() {
    int a[MAXN];
    for (int i = 0; i < MAXN; ++i) {
        cin >> a[i];
    }
    for (int i = 1; i < MAXN; ++i) {
        if (a[i] < a[0]) a[0] = a[i];
    }
    cout << a[0] << endl;
    return 0;
}
```

不管数据规模多大，都只需要调整常量 MAXN 的大小即可，程序并不会变得更难写。事实上，还可以定义一个变量 n，表示数据的个数，这样程序可以处理的数据规模就是可变的了。

通过上文的例子可以看到，在合理选用数组这个数据结构以后，由于数据紧密组织在一起，编程更方便。数组就是一个线性数据结构，其数据元素线性排列，元素之间有前后相邻的关系。

我们可以定义数据结构 DataStructure=(D,R)。其中，D 是数据元素的集合；R 是该集合中所有元素关系的有限集合。根据数据之间的关系，可以把数据结构分为 3 种类型：线性结构、树形结构和图形结构（见图 1.1）。本章主要介绍线性结构，简要介绍树形结构。

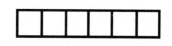 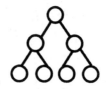 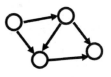

图 1.1　线性结构、树形结构和图形结构

1.1.2　数据结构的运算

每一种数据结构都可以进行一些运算，或者说对这个数据结构可以进行一些操作。常见的操作有如下几种：

- 建立（Create）。比如声明一个数组。
- 消除（Destroy）。比如一个数组所在的函数执行完毕，该数组占用的空间被释放。
- 删除（Delete）。从一个数据结构中删除一个数据元素。数组中没有这个操作，因为按照 C++的语法规定，数组的长度在建立时就已经确定了，并且不允许修改。
- 插入（Insert）。把一个数据元素插入到一个数据结构中。数组中没有这个操作。
- 访问（Access）。比如访问 a[3]这个元素，输出它的值。
- 修改（Modify）。比如把 a[3]赋值为 42。
- 排序（Sort）。比如把数组里面所有元素从小到大排序。
- 查找（Search）。比如查找数组中是否存储了 42 这个数字。

1.1.3　线性数据结构

上文提到的数组就是一个线性数据结构。在这种数据结构内部，数据元素是线性排列成一行的。注意，这里说的线性排列成一行，并不一定指这些数据元素在内存里存储的位置一定是相邻的，而是它们之间存在前后关系。

在通常情况下，线性数据结构满足如下特征：

- 存在唯一被称作第一个的数据元素。
- 存在唯一被称作最后一个的数据元素。
- 除第一个的数据元素外，每个数据元素均只有一个前驱。前驱指的是当前数据元素前面的那个数据元素。
- 除最后一个的数据元素外，每个数据元素均只有一个后继。后继指的是当前数据元素后面的那个数据元素。

以生活中常见的电话号码簿为例（见图 1.2），第一个人是 Alice，下一个人是 Bob，再下一个人是 Tony，最后一个人是 Zack。按照名字的字典序，记录了每个人的名字和对应的电话号码。这一串数据，就构成了线性关系。

图 1.2　电话号码簿

1.2　栈

本节介绍一个基础而重要的线性数据结构——栈。

1.2.1　栈的定义

先看生活中的例子。

我们去超市购物的时候，超市入口处往往会放一排购物车（见图1.3）。这一排购物车一个插在另一个的后面，顺序排列，第一个一般对着墙放，不好取用。这时候，如果想取走一个，一定是先取走最后面的一个，下一个来购物的顾客才可以取走倒数第二个。与之对应的，如果顾客用完了购物车，要把购物车放回去，那么归还的这个购物车一定也是放在车队的最后面。在通常情况下，最后面的会被反复取用，而第一个很少被用到，除非其他购物车都被取走了。

再看一个例子，在打网球的时候，我们通常会带去一筒球，如图1.4所示。一筒球有3个。因为筒的开口在上方，所以总是先取用第一个球，如果这个球经历了一场比赛的"磨难"，没有被打坏，则这个球就会被放回到筒的最上方，下一次打球拿出来的还是它（听起来它命运有点悲惨）；如果它报废被扔掉了，则下一次就会是当下最靠近开口位置的球被取出。球的取出和放回都在筒的同一侧操作。而最靠筒里面的球，总是最后一个被使用。

图 1.3　超市购物车　　　　　图 1.4　网球筒

这两个例子可以抽象出一个共性的数据结构，名字叫作栈，其结构如图 1.5 所示。

图 1.5　栈的结构

在这个数据结构中，所有的数据是线性排列的，不过所有的操作都只在一侧完成，这一侧叫作栈顶。在栈顶位置插入一个新元素的操作，叫作进栈、入栈或者压栈（Push）。删除目前栈顶元素的操作，叫作出栈或者弹栈（Pop）。通过刚才的例子可以看到，先进栈的元素，总是后出栈。而后进栈的元素，总是先出栈。因此，栈也被称作先进后出表或者后进先出表（Last In First Out，LIFO）。

📋 练　习 ↗

假设一个初始为空的栈，按照以下步骤执行进栈和出栈的操作，求出栈的元素以及出栈顺序。

```
push(1);
push(2);
push(3);
pop();
pop();
push(4);
pop();
```

函数 push(x)表示让 x 进栈，函数 pop()表示出栈。注意，函数 push(x)是有一个参数 x的，因为进栈要指定把某个元素 x 放进去。而出栈函数 pop()是不需要参数的，栈已经保存了栈里面所有元素，并且知道栈顶的元素，出栈一定是出栈顶的元素，不需要告诉它谁要出去。

正确答案是：

3 2 4

上述函数实现进栈和出栈的具体过程如图 1.6 所示。1 进栈，2 进栈，3 进栈， 3 出栈，2 出栈，4 进栈，4 出栈。最后栈里还剩一个 1。

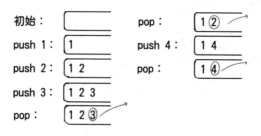

图 1.6　进栈和出栈的具体过程

1.2.2 栈的作用

栈这个概念听起来虽然比较抽象，但是它一直默默地在计算机中发挥作用。很多软件都提供了撤销的功能，比如在 Word 文档中，如果一不小心误删除了什么内容，只要单击菜单里的撤销选项，最近的删除操作就会被还原。如果这时候再点一下撤销选项，则倒数第二步操作被还原。其实每一步操作都被 Word 文档存在了栈里面。每次撤销的都是栈顶的最后一次操作，每次新的操作也都存放在栈顶。

除此以外，走迷宫的通用策略，也用到了栈的思想。当我们面对一个复杂的迷宫，不能一眼看出出口的时候，可以先从入口进去，走到第一个岔路口，如图 1.7 中标记的 1 号位置，此时有向右和向下两种选择，我们决定先向下走试试，并且记住 1 号的位置（类似于记到了栈顶位置）。进一步走到 2 号位置所在的岔路口，假设先走左边，并且记住 2 号位置（现在 2 号在栈顶了）。然而，左边的路被证明是死胡同，我们回到 2 号位置（回到栈顶）。继续探索 2 号位置所在岔路口的另一个方向，向下走，来到 3 号位置所在的岔路口。3 号位置进栈，向左走失败，返回，向下走也失败，返回。此时栈顶的 3 号位置所在的岔路口已经全部探索完毕，3 号位置出栈，回到目前栈顶的 2 号位置。2 号位置也探索完了所有的岔路，出栈，回到 1 号位置，继续向右走……

这个策略也可以被概括成"右手法则"：从迷宫入口开始，用右手摸着墙一直走，手不要离开墙，一定能走到出口。如何理解这个看起来很神奇的策略呢？其实是走到每个岔路，都优先尝试最右边的路，如果这条路通向死胡同，一直摸着右边墙恰好也可以走回到上次决策的位置，继续尝试第二靠右的路。具体行进路线如图 1.7 所示。

另外，在计算机进行表达式计算的时候，在有函数调用的地方也会用到栈。这里不再展开，下文会详细讨论如何计算一个表达式的值。

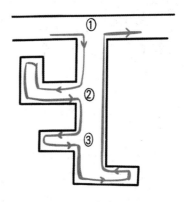

图 1.7　迷宫行进路线

1.2.3 栈的固定数组实现

上文讨论的是一个理论上的模型。这个理论模型如何用计算机实现呢？

所谓实现（Implememt）一个数据结构，指的是编写程序来实现这个数据结构的功能。在算法竞赛中，一般是提供几个函数，可以通过调用这些函数来完成指定数据结构的功能。使用函数的人不需要关心这些函数内部的逻辑细节。这些函数可能还需要一些内部的变量来保存数据，使用函数的人同样也不需要关心这些数据，甚至没有权力访问和修改这些数据。这种思想叫作封装。一个数据结构就好像是一个黑盒子，使用数据结构的人，不需要关心数据结构内部的运作原理，只需要调用相关函数实现功能就好。如果将数据结构比作一辆汽车，对于大部分人而言，只要知道踩下油门车会走，踩下刹车车会停，转动方向盘车会改变方向。至于一辆车是怎么造出来的，内部原理是什么，使用电、柴油还是汽油作为动力，只有厂家才关心。

我们现在要实现一个数据结构，就像制造一辆汽车，需要给用户提供的是"油门""刹车"和"方向盘"，其内部原理可以自己设计。在用户看来，买不同品牌、不同动力的汽车（见图1.8）都可以快速上手，它们的驾驶方法是相似的。例如，我们要实现一个栈，只需要向用户提供进栈和出栈等函数，至于内部怎么保存数据、怎么找到目前栈顶的数据，都取决于自己的设计。

图 1.8 电动汽车、汽油车、柴油车的驾驶方法是相似的

这里先介绍一种简单的实现方式：用固定长度数组实现。定义一个数组 a，长度可以长一些，尽量超过预估要存储元素的个数。再定义一个变量 t，表示栈顶的后一个位置。初始的 t 为 0，表示还没有元素。t 同时也代表了目前栈中元素的个数。

图 1.9 是栈里面已经存放了 3 个元素时的情况，进栈顺序是 1、4、3，它们分别存放在数组 0、1、2 的位置上，此时 t 的值为 3。栈的几种操作如何实现呢？

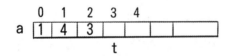

图 1.9 栈的固定数组实现

- 插入元素：把要插入的数据写到数组 a[t] 位置上，t 自增 1。按照目前的例子，如果插入一个元素 42，则 a[3] 写上 42，t 变为 4。
- 查看栈顶：栈顶元素为 a[t-1]。注意不是 a[t]，a[t] 是下一个要插入元素的位置。
- 弹出元素：t 自减 1 即可。按照目前的例子，就是把 t 改成 2。那么 t 自减完，要不要把 a[t] 位置清零呢？其实不需要，因为现在 a[t-1] 位置是新的栈顶，只能访问到这个位置，如果下次要插入新元素，会插入 a[t] 位置，就会把原来的"垃圾值"覆盖掉，不会造成什么恶劣的影响。

数组的上述实现方法存在一个小问题：数组 a 的长度不好确定。如果数组 a 装满了，再插入新元素，就会出现数组访问越界的错误。如果栈是空的，t 是 0，这时候去访问栈顶，就是访问 a[-1] 位置，还是会出现数组访问越界的错误。前者称为栈的上溢出（Stack overflow），后者称为栈的下溢出（Stack underflow）。

国外有一个著名的编程问答网站就叫 Stack overflow，如果编程遇到了问题，可以在上面提问，有很多热心工程师会回答问题。该网站的名字很有意思，其灵感来源大概就是上溢出错误很常见又不好查找，可以作为编程问题的代表。

我们可以通过 5 个函数来编写栈的固定数组实现的代码：

● 进栈（压栈），参数是一个整数 n，把这个元素放在栈顶。

```
void push(int n);
```

● 出栈（弹栈），把栈顶元素从栈中删除。

```
void pop();
```

● 查看栈顶，返回栈顶元素。

```
int top();
```

● 返回剩余元素个数。

```
int size();
```

● 判断栈是否为空，true 表示栈已经空了，false 表示不空。

```
bool empty();
```

这 5 个函数具体的代码如下：

```
int a[100];
int t;

void push(int n) {
    a[t++] = n;
}

void pop() {
    t--;
}

int top() {
    return a[t - 1];
}

int size() {
    return t;
}

bool empty() {
    return t == 0;
}
```

注意，数组 a 和变量 t 是全局变量，后面的 5 个函数都可以操作它们。这种实现方式在算法竞赛中很常见，但是在工业界不是一个好办法，因为它不满足封装原则。这两个变量是栈内部实现的细节，最好只有上述 5 个函数才能访问，外部操作无法进行修改比较好。要满足这样的封装要求，需要用面向对象的思想，并控制变量的访问权限。这些超过了本书的讨论范围，在此不做展开。在算法竞赛中，因为写栈的人和用栈的人是同一个人，不需要自己限制自己。控制访问权限会增加程序的复杂性，浪费写程序和程序运行的时间，在竞赛中写程序的时间往往非常紧张，对程序运行的效率更是有极端的要求，所以在竞赛中选择固定数组是首选的实现方式。另外，在算法竞赛中，输入数据的规模限制会在题目中给出，因此很容易预估需要存储多少个数字，数组 a 的大小就可以根据题目要求来设置，不会出现装不下而导致上溢出的错误。

1.2.4　STL 中的栈

在通常情况下，如果对效率要求没有这么高，可以使用现成的栈。C++的标准模板库 STL 就提供了一个栈的模板，使用这个现成的模板，比自己用数组实现的运行速度会稍微慢一些，不过不需要自己手写 5 个函数。下面介绍一下该模板的基本使用方法。

要使用 STL 中的栈，要先加一个头文件 stack，即在程序最开始加一句：

```
#include <stack>
```

接下来就要定义一个栈的变量。

```
stack<类型> 变量名
```

这个栈里面要装什么类型的元素，尖括号里面的类型就写什么。比如要定义一个装 int 类型元素的栈，名字叫 s，就这样写：

```
stack<int> s;
```

剩下的 5 个函数，与之前自己手动实现版本的函数名和作用一样。不过用法不太相同，语法为

```
变量名.函数名
```

比如：

```
s.push(42);    //元素进栈
s.pop();       //元素出栈（删除栈顶元素）
s.top();       //返回栈顶元素
s.empty();     //判空，若为空返回 true，否则返回 false
s.size();      //获取栈大小
```

以一道例题演示一下栈的基本用法。

例 1-1

题目名字：T110143 清空栈。

题目描述：

给定一个正整数数列（以 0 表示输入结束），从第一个数开始，使每一个数进栈，进栈的同时获得一个分数，即该数的数值乘以进栈后栈的大小，请计算所有元素进栈后的分数和，并将栈内元素依次输出。

输入格式：

一行，一个正整数数列，以 0 结尾。

输出格式：

两行，第一行为一个正整数，表示分数和。

第二行为所有元素出栈后的结果，用空格分隔。

输入样例：

5 4 3 2 1 0

输出样例：

35

1 2 3 4 5

说明：

样例解释：5×1+4×2+3×3+2×4+1×5=35；

1≤数列元素个数≤100。

每个元素≤100。

由于不知道要输入正整数的个数，因此可以使用 while(cin>>x)读取数据。

题目中让我们按顺序依次输入元素，存进栈中，可以用 push()函数。每次进栈的得分需要用到当前栈内元素的个数，可以用栈的 size()函数来获取。在输出每个元素时，可以用 top()函数获取栈顶元素，使用 pop()函数将它删除掉，只要栈不空，就继续输出。代码如下：

```cpp
#include <iostream>
#include <stack>                    //加入栈需要的头文件

using namespace std;

int main() {
    int sum = 0;                    //定义变量来装答案
    stack<int> s;                   //定义一个装 int 类型元素的栈，名为 s
    int t;                          //临时变量 t 用来输入变量
    while (cin >> t) {              //不知道有多少个变量，用 while 循环不停地输入
        if (t == 0)break;
        s.push(t);                  //输入的元素 t 放进栈中
        sum += s.size() * t;        //用 size()函数获取栈内元素的个数，计算得分
```

```
    }
    cout << sum << endl;          //输出答案
    while (!s.empty()) {          //只要栈不空就要继续输出
        cout << s.top() << " ";   //输出栈顶元素
        s.pop();                  //把栈顶元素删除
    }
    cout << endl;
    return 0;
}
```

可以看到，使用 STL 里面的栈，可以简化自己实现栈的那部分代码，而且 STL 中的栈是自动扩容的，不用担心栈内部数组大小不够的问题，可以认为它是空间无限的，可以无限输入元素。事实上，空间当然不可能是无限的，还是会受到系统内存容量的限制，不过在算法竞赛中都会给出数据的大小范围，一般情况下不会出现输入大到内存都装不下的程度。

> ⏱ **提　示**
>
> 关于自己实现栈和 STL 中的栈（stack）的效率。笔者实测了一下，在 Linux 系统中，g++9 版本编译器，C++14 语言版本，进行 100 万次进栈和出栈操作，自己实现的栈花费 9ms，STL 中的 stack 花费 29ms。如果在编译时开启 O2 优化，则 stack 只花费 8ms，和自己实现的栈没有区别，甚至更快。
>
> 请注意自己的程序运行环境，如果参加的是国内算法竞赛的权威比赛 CSP-J/S 和 NOIP 等，编译环境是 g++9 版本编译器，C++14 语言版本，并且开启 O2 优化，则在比赛中可以放心使用 STL。

1.2.5　括号匹配问题

在编写程序的过程中，常常会用到编辑器的检查括号功能。编辑器会自动检查输入表达式中的括号是否匹配。如果把光标停留在某一个括号上，还能自动高亮与之匹配的另一个括号。如果表达式中的括号不匹配，则编译器还会发生提醒。这里的匹配，就是指表达式中左括号和右括号的数量相等，括号类型一致，相互嵌套关系正确。以下面 4 个表达式为例。

```
(A+B)/(2*A+B)
(A+B, (A+B))*(C/D
([)]
((([]{}))
```

第一个表达式是匹配的。第二个表达式不匹配，因为最后一个小括号没有成对。第三个表达式不匹配，虽然括号数量和类型是正确的，但是括号嵌套关系错了。第四个表达式是匹配的。

那么如何检查括号是否匹配呢？对于上述 4 个表达式，我们一眼就能看出答案。让我们放慢思路，仔细想一想是怎么解决这些问题的？以第四个表达式为例，从左往右一个一个地看每个括号。首先我们看到了一个左小括号：

(

没什么特殊的，记住它。下一个括号还是左小括号，继续记住它。

((

接下来是左中括号，记住。

(([

下一个是右中括号，这时候我们知道，上一个括号是左中括号，它们恰好是匹配的。可以把它们一起删掉，用删除线表示：

((~~[]~~

接下来是左大括号，记住。

((~~[]~~{

然后是右大括号，同样和前一个左大括号一起删掉。

((~~[]~~~~{}~~

再来一个右小括号。这个括号和第二个左小括号一起被删掉。中间的是已经被删掉的中括号和大括号，不影响答案，可以忽略它们的存在。

(~~([]{}~~~~)~~

最后又来一个右小括号，正好和第一个左小括号成对，所有括号都被删掉了。字符串为空，整个字符串中的括号是匹配的。

~~(([]{})~~~~)~~

找一找规律，每次找匹配，都是最后一个进来的左括号会被先匹配，这不就是栈吗？而那些被删除的括号，就从栈里弹出。

总结一下，这个算法描述如下：设置一个栈，当读到左括号时进栈。当读到右括号时，查看栈顶的左括号是否与它匹配，若匹配成功，则弹出栈顶，继续读入；否则匹配失败，返回错误（false）。当遇到右括号时，如果栈是空的，则也是不匹配的。如果字符串读入完成，则当前栈中还有内容，也是不匹配的。

看一个匹配不成功的例子，输入([)]，见表 1-1。

表 1-1 输入([)]

输　　入	操　　作	栈
(	进栈	(
[	进栈	([
)	查看栈顶发现不匹配，返回错误	

再看一个成功匹配的例子，输入([]())，见表1-2。

表 1-2　输入([]())

输　　入	操　　作	栈
(	进栈	(
[	进栈	([
]	和栈顶匹配，出栈	(
(	进栈	((
)	和栈顶匹配，出栈	(
)	和栈顶匹配，出栈	空
	输入为空，栈也为空，成功	

下面通过一道例题来介绍代码的实现方法。

例 1-2

题目名字：T96987 表达式括号匹配（3 种类型括号）。

题目描述：

假设一个表达式由英文字母（小写）、运算符（+，-，*，/）、左右小括号()、左右中括号[]和左右大括号{}构成，以"@"作为表达式的结束符。请编写一个程序检查表达式中的左右括号是否匹配。若匹配，则输出"YES"，否则输出"NO"。表达式长度不超过 10^7。

输入格式：

一行表达式。

输出格式：

"YES" 或 "NO"。

输入样例 1：

fs{f}fsd[(f457jkl)fsdaf]@

输出样例 1：

YES

输入样例 2：

fs{{f}fsd[(fsadfjkl)fsdaf]@

输出样例 2：

NO

上述题目的标准答案程序（以下简称标程）代码如下，算法不再详细叙述，大家可参考注释。

```
#include <cstdio>
#include <stack>
```

```cpp
using namespace std;
const int MAXN = 10000005;
char c[MAXN];

int main() {
    stack<char> s; //定义一个栈用来放括号
    scanf("%s", c);//用一个字符数组把输入的字符串读进来
    int i = 0;//一个字符一个字符地查看每一个位置，首先从开头的 0 位置开始查看
    while (true) {
        if (c[i] == '@') break;        //如果输入的字符是@，说明已经结束了
        if (c[i] == '(' || c[i] == '[' || c[i] == '{') {
            s.push(c[i]);              //遇到左括号就进栈
        } else if (c[i] == ')') {//遇到右小括号
            if (s.empty() || s.top() != '(') {//如果栈空了，或者栈顶的括号和当前的
//括号不匹配
                printf("NO\n");        //就是非法的情况，输出 NO
                return 0;              //可以直接结束程序了
            }
            s.pop();     //否则说明这个右小括号有匹配的左括号，把左括号出栈
        } else if (c[i] == ']') {
            if (s.empty() || s.top() != '[') {
                printf("NO\n");
                return 0;
            }
            s.pop();
        } else if (c[i] == '}') {
            if (s.empty() || s.top() != '{') {
                printf("NO\n");
                return 0;
            }
            s.pop();
        }
        i++;
    }
    if (s.empty()) {   //如果最后栈空了，说明没有多余的左括号，合法
        printf("YES\n");
    } else {
        printf("NO\n");
    }
    return 0;
}
```

1.2.6　前缀、中缀、后缀表达式

表达式是用运算符（operator，也叫操作符）把运算数（operand，也叫操作数）连接起来，形成可以计算结果的一个式子。其中，运算符包含常见的算术运算符，例如+、−、

*、/；运算数是数字或者一个已经赋值的变量，例如 4*2、A*B 中的 4、2、A、B 都是运算数。在书写表达式时，通常把运算符写在它对应的两个运算数的中间，这种类型的表达式叫作中缀表达式。

在数学中，通常见到的都是中缀表达式，中缀表达式的运算顺序有时会引起混淆，例如表达式"A+B*C"，是先算 A+B 后再乘以 C，还是先算 B*C 后再去加 A？

为此，人们引入了运算符优先级来消除混淆，规定高优先级的运算符先运算，相同优先级从左至右依次计算，乘法和除法的优先级高于加法和减法。这样一来，在上面的表达式中，就人为规定了先计算 B*C，问题看起来解决了。

但是如果在上面的表达式中，我们一定要先算 A+B，怎么办呢？人们又引入了括号来表示强制优先级，括号的优先级最高，而且如果有多层括号嵌套，内层的优先级更高。也就是运算规则中的"先乘除后加减，有括号先算括号"。

所以，我们看到，中缀表达式需要明确优先级，并且引入括号才能确定计算的唯一顺序。可以看到，中缀表达式的计算是一个非常复杂的过程，能否简化这个问题呢？这里引入两种新的表达式书写顺序：一种叫作前缀表达式；另一种叫作后缀表达式。在这两种表达式中，只有运算符的位置和中缀表达式不同，运算数的顺序保持不变。

例如，中缀表达式 A+B*C，将每一个运算符移动到它对应的运算数前面，或者将每一个运算符移动到它对应的运算数的后面，就分别得到了前缀表达式和后缀表达式。

中缀表达式 A+B*C 转换成前缀表达式的过程如下：

第一步运算是 B*C，所以运算符"*"向前移动到对应的运算数 B 和 C 之前，即*BC。

第二步运算是对 A 与*BC 两个运算数求和，运算符"+"向前移动到 A 和*BC 之前，即+A*BC。这个过程如图 1.10 所示。

图 1.10　中缀表达式转换成前缀表达式

中缀表达式 A+B*C 转换成后缀表达式的过程如下：

第一步运算是 B*C，所以运算符"*"向后移动到对应的运算数 B 和 C 后面，即 BC*。

第二步运算是对 A 与 BC*两个运算数求和，运算符"+"向后移动到 A 和 BC*之后，即 ABC*+。这个过程如图 1.11 所示。

图 1.11　中缀表达式转换成后缀表达式

嗯，很美妙，我们似乎得到了两种有趣的表达式书写方式，那么如何计算这些表达式呢？

举个例子，计算后缀表达式 8　3　2　6　*　+　5　/　-　4　+ 的值。计算步骤如下。

（1）从左向右扫描上述后缀表达式，第一个出现的运算符是"*"，我们可以看到运算符"*"对应的前面两个运算数是 2 和 6，将 2*6 的结果 12 放入后缀表达式中原来的位置，替换"2 6 *"。

此时，该表达式变成 8 3　12 ＋ 5 ／ － 4 ＋。

（2）继续向右扫描，看到第二个运算符"＋"，找到运算符"＋"之前的两个运算数是 3 和 12，计算 3+12 的结果，并将得数 15 放入后缀表达式中原来的位置。

该表达式变成 8　15　5 ／ － 4 ＋。

（3）重复扫描步骤，下一个出现的运算符是"／"，计算运算符"／"前面两个运算数 15 和 5，15/5=3，将 3 放入后缀表达式中原来的位置。

此时，该表达式变成 8　3 － 4 ＋。

（4）向右继续扫描，我们找到第四个运算符"－"。运算符"－"之前的两个运算数是 8 和 3，对其进行减法运算，得到结果 5。

该表达式变成 5　4 ＋

（5）最后一个运算符是"＋"，将"＋"对应的两个运算数 5 和 4 相加得到结果 9，完成计算。

上述整个计算过程可以用图示的方式演示，如图 1.12 所示。

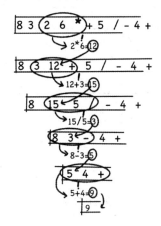

图 1.12　后缀表达式计算过程

1.2.7　后缀表达式的计算

因为人可以一眼看到完整的表达式，所以人的思维方式通常是先跳过所有的数字，直接去找运算符后，再回过来找运算符前面的运算数。但是计算机在常规情况下，会从左往右进行一次输入和处理，通常不能先找到运算符以后再读入，所以需要对我们习惯性的思维方式进行一次"计算机化改造"。观察一下上述示例的计算过程，从左向右读入的时候，如果遇到一个运算数，可以先存储起来，当遇到运算符的时候，再去找当前最后存储的两个运算数，拿出来进行运算，再存回去。这个行为是不是特别像栈？因为栈就是一种满足后进先出规则的数据存储方式。所以可以定义一个栈，存储目前输入的所有运算数以及中间结果，遇到运算符的时候，从栈里拿数字计算，结果放回栈里，这个过程可以总结成如下算法：

（1）从左向右扫描表达式中每一个位置。

● 如果是运算数，进栈。

● 如果是运算符，取出栈顶的 2 个元素做对应的运算，再把结果进栈。

（2）扫描结束后，栈中有且仅有一个元素，即最终结果。

例如，后缀表达式 8 3 2 6 ＊＋ 5 / － 4 +的计算过程见表 1-3。

表 1-3 后缀表达式 8 3 2 6 ＊＋ 5 / － 4 +的计算过程

输　入	操　作	栈
8	进栈	8
3	进栈	8 3
2	进栈	8 3 2
6	进栈	8 3 2 6
＊	2*6=12	8 3 12
＋	3+12	8 15
5	进栈	8 15 5
/	15/5=3	8 3
－	8－3=5	5
4	进栈	5 4
＋	5+4=9	9

明白了这个算法，可以一起做一道例题。

例 1-3

题目名字：U117014 后缀表达式求值简单版。

题目描述：

后缀表达式是一种把运算符后置的算术表达式，例如普通的表达式 2+3 的后缀表达式为 2 3 +。后缀表达式的优点是运算符之间不必有优先级关系，也不必用括号改变运算次序，例如（2+3）*4 的后缀表达式为 2 3 + 4 *。

任何一个后缀表达式，其计算方式是唯一确定的，不会出现歧义，所以特别适合用计算机计算。

本题输入一个后缀表达式，请计算它的值，其中运算符包括 "+" "–" "*" "/" 等 4 个。这里的 "/" 代表除法，是整除运算，结果只保留商，不保留余数。

输入格式：

一个后缀表达式（长度不超过 100）。其中符号只包含 0123456789+-*/。并且表达式中的数字都是一位，不会出现形如 12 的数字。

输出格式：

一个整数，代表后缀表达式的值。

输入样例1：

52/2+

输出样例1：

4

输入样例2：

12+

输出样例2：

3

本题思路：循环输入后缀表达式的每一个字符。

● 如果是字符'0'～'9'，先将其转换为 int 类型（减去'0'即可），然后进栈。

● 否则就是运算符，将运算符前面的栈顶元素保存在变量 x 里，栈顶元素出栈。再将新的栈顶元素保存在变量 y 里，栈顶元素出栈。这样就有两个运算数 x 和 y，根据运算符的运算法则进行相应运算，计算结果进栈。

注意：如果运算符是减号，注意第一个栈顶元素 x 是减数，第二个运算数 y 是被减数，计算过程是 y-x，而不是 x-y。除法也需要关注类似的问题。

提　示

题目没有说明标识表达式结束的字符。我们的输入可以写为 while (cin>>ch)，这与平时的习惯不符。一般情况下，使用语法 cin>>ch 来把一个字符输入进来。这个语法是独立存在的，不会被当成一个条件。其实 cin 这个操作，本身是有值的，如果输入成功了，它的值为 true；如果输入失败了，或者输入文件结束了，它的值为 false。而把 cin 写在 while 循环的条件里面，就是在利用 cin 的平时被我们忽视的值。当 cin 的值为 false 时，while 循环自然就停下了。那么如何告诉 cin，现在输入结束了呢？在 Windows 里的 Dev C++环境中运行程序时，输入样例后回车换行，在下一行按下组合键 Ctrl+Z，再次回车即可。组合键 Ctrl+Z 表示输入一个特殊字符，叫作文件结束符，当 cin 读到这个字符的时候，就会把自己的状态标识为 false。在 Linux 或者 MacOS 环境中运行程序时，需要按组合键 Ctrl+D。

标程代码如下：

```
#include<iostream>
#include<stack>
using namespace std;
int main(){
    stack<int> s;                //定义一个栈，用来存放后缀表达式的运算数
```

```
char ch;
int x,y,k;                      //x、y 代表两个运算数，k 是运算结果
while(cin>>ch){                 //循环输入字符
    if(ch>='0'&&ch<='9'){ //如果是字符 0～9
        s.push(ch-'0');         //将字符型转换成整型，进栈
    }else if(ch=='+'){      //如果是+
        x=s.top();              //取出栈顶元素，赋值给 x
        s.pop();                //栈顶元素出栈
        y=s.top();              //取出下一个栈顶元素，赋值给 y
        s.pop();                //栈顶元素出栈
        k=x+y;                  //求得 x+y 的值，赋值给 k
        s.push(k);              //将结果 k 进栈
    }else if(ch=='-'){      //如果是-
        x=s.top();              //取出栈顶元素，赋值给 x
        s.pop();
        y=s.top();              //取出下一个栈顶元素，赋值给 y
        s.pop();
        k=y-x;                  //求得 y-x 的值，赋值给 k，注意 x、y 的先后
        s.push(k);
    }else if(ch=='*'){      //略，算法同加法运算
        x=s.top();
        s.pop();
        y=s.top();
        s.pop();
        k=x*y;
        s.push(k);
    }else{                      //略，算法同减法运算
        x=s.top();
        s.pop();
        y=s.top();
        s.pop();
        k=y/x;
        s.push(k);
    }
}
cout<<s.top()<<endl;
return 0;
}
```

在此题基础上，稍微增加一些难度。如果表达式中的运算数不一定都是一位数，可能是多位数，如何处理？为了方便，虽然数字有可能是多位的，但是这个数字的右边，一定会跟着一个 "."，表示这个数字的结束。我们需要一个初始值为 0 的整型变量 d。循环一位一位地读取字符。如果下一个字符是数字，则将其转换为 int 类型后，与数字 d*10 相加，赋值给 d，这样相当于把它接到了 d 的末尾。如果下一个字符是点号，则说明数字输入完毕，就将现在的 d 进栈。

例如，依次输入 4 个字符 358.，求得对应的整型数。

首先定义 int d=0；输入 3 是数字，d=d*10+('3'-'0')，则 d=0+3，即 d=3；5 仍然是数字，d=d*10+('5'-'0')，则 d=3*10+5，即 d=35；8 也是数字，d=d*10+('8'-'0')，则 d=35*10+8，即 d=358；下一个字符是'.'，说明数字输入完毕，将 d 进栈。

这样就成功地把 3 个字符转换成一个三位数。

关于多位数处理的程序片段如下，相信学习完，大家便能自己编写完整的程序，来处理多位数的后缀表达式了。

```
while(cin>>c){              //输入字符
    if(c>='0' && c<='9'){   //如果输入的是数字
        d = d*10+( c - '0'); //字符型变更为整型，字符型不可以直接运算
    }
    if(c=='.'){
        s.push(d);          //如果 c 是'.'，数字输入完毕，将结果 d 进栈
        d=0;                //将 d 清 0，为下一组字符做准备
    }
}
```

1.2.8　中缀表达式转换为后缀表达式

通过上面的讨论，我们发现，后缀表达式的运算顺序是固定的，当给定一个后缀表达式的时候，不需要明确运算符的优先级，也不需要括号，这个表达式的运算顺序便是唯一的。而且计算后缀表达式的值的算法，实现起来非常简洁。所以，在计算机科学领域，后缀表达式的使用更为广泛。

既然后缀表达式这么好，大家是不是跃跃欲试了？是时候抛弃中缀表达式了，以后遇到表达式都转换成后缀！后缀表达式万岁！

之前我们遇到的中缀表达式比较简单，大家看一下就知道怎么转换，如果遇到一个比较复杂的中缀表达式，手动转后缀表达式的转换过程可以概括如下（以计算 8-(3+2*6)/5+4 为例，转换过程见图 1.13）。

（1）按照优先级对所有的运算单位加括号：

$$((8-((3+(2*6))/5))+4)$$

（2）将每一个运算符移到它对应的括号后面：

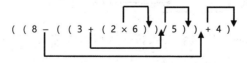

图 1.13　中缀表达式手动转后缀表达式的转换过程

（3）去掉所有括号：

$$8326*+5/-4+$$

📋 **练 习** ↗

请将下面中缀表达式转换为后缀表达式，并计算结果。感叹号表示阶乘。

（1）将 3+2*6!-1 改为后缀表达式。

（2）将 3+2*6!/2 改为后缀表达式。

通过前面的例子，我们可以发现：在中缀表达式转成后缀表达式的过程中，运算数的排列顺序未发生改变，运算符的顺序可能会发生变化，把它从对应的运算数中间，挪到紧随对应两个运算数的括号后面。

上述算法需要在一个字符串中频繁地添加括号，删除括号，以及移动运算符，实现过程比较复杂。能否只从左往右扫描一次表达式，完成中缀表达式向后缀表达式的转换？

这里先给出算法：

（1）建立一个栈，用来存放运算符，将其命名为 op 栈（operator 的简写）。

（2）从左向右扫描中缀表达式单词（这里单词指的是一个运算数或者一个运算符）列表，会遇到以下 4 种情况：

● 如果单词是一个运算数，则将其添加到后缀表达式末尾。

● 如果单词是一个左括号"("，则将其压入 op 栈栈顶。

● 如果单词是一个右括号")"，则反复将 op 栈内的运算符依次弹出，加入后缀表达式末尾，直到在 op 栈内遇到左括号"("为止，并且把左括号也从 op 栈中弹出。

● 如果单词是一个运算符（*、/、+、−），则压入 op 栈栈顶。在压入之前，要比较其与 op 栈栈顶运算符的优先级，如果栈顶运算符优先级高于或等于它，就要弹出，直到栈顶运算符优先级更低，或者栈空。我们规定左括号优先级最低，低于所有运算符。

（3）中缀表达式单词列表扫描结束后，把 op 栈中的所有剩余运算符依次弹出，并添加到后缀表达式末尾。

中缀表达式 8−(3+2*6)/5+4 转换成后缀表达式算法步骤分别如图 1.14～图 1.27 所示。

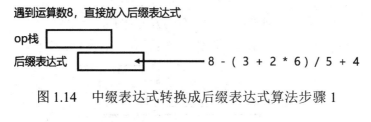

图 1.14　中缀表达式转换成后缀表达式算法步骤 1

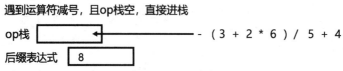

图 1.15　中缀表达式转换成后缀表达式算法步骤 2

遇到左括号，直接进栈

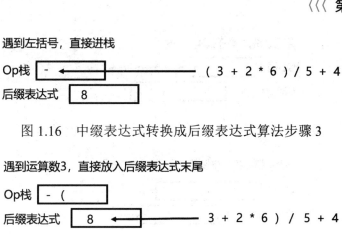

图 1.16　中缀表达式转换成后缀表达式算法步骤 3

遇到运算数3，直接放入后缀表达式末尾

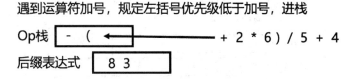

图 1.17　中缀表达式转换成后缀表达式算法步骤 4

遇到运算符加号，规定左括号优先级低于加号，进栈

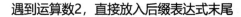
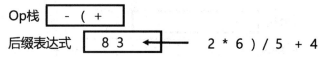

图 1.18　中缀表达式转换成后缀表达式算法步骤 5

遇到运算数2，直接放入后缀表达式末尾

图 1.19　中缀表达式转换成后缀表达式算法步骤 6

遇到运算符乘号，优先级高于栈顶加号，进栈

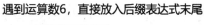
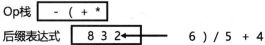

图 1.20　中缀表达式转换成后缀表达式算法步骤 7

遇到运算数6，直接放入后缀表达式末尾

图 1.21　中缀表达式转换成后缀表达式算法步骤 8

遇到右括号，依次将op栈内运算符出栈，并放入后缀表达式末尾，
直到栈顶是左括号，并且左括号也要出栈

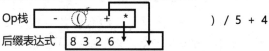

图 1.22　中缀表达式转换成后缀表达式算法步骤 9

图 1.23　中缀表达式转换成后缀表达式算法步骤 10

图 1.24　中缀表达式转换成后缀表达式算法步骤 11

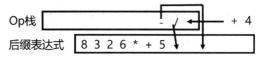

图 1.25　中缀表达式转换成后缀表达式算法步骤 12

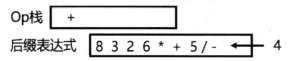

图 1.26　中缀表达式转换成后缀表达式算法步骤 13

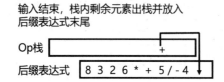

图 1.27　中缀表达式转换成后缀表达式算法步骤 14

　　上述算法中提到要比较两个运算符的优先级，如何用程序实现呢？

　　我们需要定义一个名为 getPriority() 的函数，它的参数是运算符，返回值是一个整数，表示这个运算符的优先级，规定数值越大的优先级越高。例如，加法和减法是 1，乘法和除法是 2，左括号是 0。这样我们可以把要比较的运算符都传给这个函数，比较返回值的大小，从而确定优先级。

　　这个函数的代码很简单，罗列一些 if 语句即可。

```
int getPriority(char op){               //函数的参数是运算符
    if (op == '+'|| op == '-') return 1; //加、减的优先级是1
    if (op == '*'|| op == '/') return 2; //乘、除的优先级是2，高于加号
    return 0;                            //左括号的优先级是0，低于所有运算符
}
```

完整程序如下：

```cpp
char suff[101];                          //suff 字符数组是转换完的后缀表达式
int main() {
    char c;
    stack<char> op;                      //建立 op 栈用于存放运算符
    int i = 0;
    while (cin >> c) {                    //输入字符
        if (c >= '0' && c <= '9') {      //如果字符是 0～9 之间的运算数
            suff[i++] = c; //将其添加到后缀表达式末尾，数组下标 i+1
        } else if (c == '(') {           //如果字符是（
            op.push(c);                  //将其放入运算符 op 栈中
        } else if (c == ')') {           //如果字符是）
            while (op.top() != '(') {
                suff[i++] = op.top();    //栈顶元素添加到后缀表达式
                op.pop();                //弹出栈顶元素，直到遇到(
            }
            op.pop();                    //（前所有运算符弹出后，别忘了弹出（
        } else {                         //如果是运算符+、-、*、/
            while (!op.empty() && getPriority(op.top()) >= getPriority (c)) {
                                         //将 op 栈内所有优先级高于或等于该运算符的元素
//弹出，直到 op 栈空
                suff[i++] = op.top();    //将该运算符添加到后缀表达式
                op.pop();
            }
            op.push(c);                  //将运算符压入 op 栈
        }
    }
    while (!op.empty()) {                //全部扫描结束后
        suff[i++] = op.top();           //op 栈内所有元素依次弹出，添加到后缀表达式，
//直到栈空
        op.pop();
    }
    for (int j = 0; j < i; j++) {        //输出后缀表达式
        cout << suff[j];
    }
    return 0;
}
```

1.2.9 中缀表达式的计算

现在我们已经会用程序计算后缀表达式了，更常见的中缀表达式如何计算呢？因为现在我们已经学会把中缀表达式转换成后缀表达式了，所以一个很自然的想法就是：先把中缀表达式转换成后缀表达式，然后计算后缀表达式。

不过这样需要分两步进行计算，能否直接对中缀表达式求值呢？

思考一下上面的中缀表达式转后缀表达式的算法，我们维护了一个 suff 数组，每次在

suff 数组末尾添加运算数或者运算符，当对后缀表达式进行计算时，再从 suff 数组的开头，依次读取运算数或者运算符进行计算。能否把这两个步骤合并？

结论是，不存储后缀表达式了，每当得到本应加入后缀表达式的字符，就直接计算它！另外设立一个存储运算数的 num（number 的简写）栈进行计算。对本来要添加至后缀表达式的运算数，压入 num 栈内缓存。当弹出 op 栈的栈顶运算符时，表示它可以被加到后缀表达式中，也意味着这个运算符可以进行计算了。此时，取 num 栈中最后两个元素进行计算，结果放回 num 栈中（类似于后缀表达式求值）。括号的情况进行类似处理。我们可以把中缀表达式转后缀表达式的算法和计算后缀表达式的算法合并在一起写。

看一道例题：

例 1-4

题目名字：T110281 中缀表达式求值简单版。

题目描述：

输入一个合法的中缀表达式，求其值。

对于前 50%的数据，输入的中缀表达式中，运算数仅为个位数字，运算符仅可能出现+和*。

对于前 100%的数据，输入的中缀表达式中，运算数仅为个位数字，运算符仅可能出现+、*、(、)。

输入格式：

一行，一个合法的中缀表达式。

输出格式：

一行，一个整数，表示计算结果。

输入样例：

1+2

输出样例：

3

代码如下：

```cpp
#include <iostream>
#include <stack>
using namespace std;
stack<char> op;                     //建立 op 栈，用于保存运算符
stack<int> num;                     //建立 num 栈，用于保存运算数

int getPriority(char c) {           //判断运算符的优先级
    if (c == '+') return 1;         //加号的优先级是 1
    if (c == '*') return 2;         //乘号的优先级是 2，高于加号
    return 0;                       //(的优先级是 0，低于所有运算符
```

```
    }

    void cal() {
        int a, b, c;
        char t = op.top();                //t 是运算符 op 栈的栈顶元素
        op.pop();                         //删除 op 栈栈顶元素
        if (t == '+') {                   //如果栈顶元素是+
            a = num.top();                //a 是运算数 num 栈的栈顶元素
            num.pop();                    //删除 num 栈栈顶元素
            b = num.top();
            num.pop();
            c = a + b;                    //对 a 和 b 进行加法运算，结果赋值给 c
        } else {                          //如果是乘法运算
            a = num.top();
            num.pop();
            b = num.top();
            num.pop();
            c = a * b;                    //对 a 和 b 进行乘法运算，结果赋值给 c
        }
        num.push(c);                      //将 c 压入运算数 num 栈
    }

    int main() {
        char c;
        while (cin >> c) {
            if (c >= '0' && c <= '9') {   //如果字符是 0~9 之间的运算数
                num.push(c - '0');        //将字符型转换成整型，压入 num 栈
            } else if (c == '(') {
                op.push(c);               //左括号直接放入运算符 op 栈中
            } else if (c == ')') {
                while (op.top() != '(') {
                    cal();                //遇到右括号,把对应左括号前的所有运算符都进行
相应运算
                }
                op.pop();                 //所有运算符都运算后，别忘了弹出左括号
            } else {
                                          //运算符
                while (!op.empty() && getPriority(op.top()) >=
getPriority(c)){
                    cal();                //将运算符 op 栈内所有优先级高于或等于该字符的
元素弹出并计算
                }
                op.push(c);               //当前运算符进栈
            }
        }
        while (!op.empty()) {
            cal();                        //运算符 op 栈内所有元素进行对应运算，直至为空
        }
        cout << num.top() << endl;        //输出最终运算数 num 栈内的唯一元素，即为答案
        return 0;
    }
```

1.3 队列

本节介绍另外一个基础而重要的线性数据结构——队列。

1.3.1 队列的定义

在生活中，我们可以见到很多排队的事例。

当我们去比较火爆的餐厅吃饭时，如果餐厅内已经没有空位了，服务员就会给我们一张排号单（见图 1.28），上面会显示排队的号码和大概需要等待的时间。这时候我们便进入了一个等位的队列。这个队列的规则是，先到的客人拿到的序号在前，会被先叫到，然后离开队伍进入餐厅用餐。这是一种"公平队列"，先到先得。

西瓜家 等位排号单

小桌242号
您前面还有197桌客人在等候

怕过号
扫一扫

*打印时间：2023年6月10日 13:43
*注意迎宾台叫号，过号请重新取号
*短信通知可能有遗漏，以迎宾台叫
号顺序为准

图 1.28　餐厅排号单

与"公平队列"不同的队列是"优先队列"。我们在银行排队时会见到，排号单不仅有以 A 开头的序号，还有以 V、C 等开头的序号。A 是普通的个人客户，V 代表 VIP 客户，银行会为 VIP 客户"插队"优先办理业务，其他的普通客户需要耐心等待。如果有若干个 V 序号客户同时等待，那么他们之间还是要按照"公平队列"的原则，依次办理业务。

我们将餐厅这种公平排队的过程，抽象成一个叫作队列（Queue）的数据结构。每个在排队的人，就是队列中的元素。队列中的元素线性排成一排，所以队列和栈一样，也是一个线性结构。

另外，和栈一样，队列也是一种运算受限的线性结构，仅允许在队列一端（队尾）插入，在另一端（队头）删除，不能直接删除队列中间的元素，或者把元素插入队列的中间。

在队尾位置插入一个新元素，这个操作叫作入队（push）。在队头位置删除元素的操作，叫作出队（pop）。通过上述的例子，我们可以看到，先入队的元素，总是先出队。而后入队的元素，总是后出队。因此，队列也被称作先进先出表（First In First Out，FIFO）。

📋 练 习 ↗

假设一个初始为空的队列，按照以下顺序执行入队和出队的操作，求出队的元素以及出队顺序。

```
push(1);
push(2);
push(3);
pop();
pop();
push(4);
pop();
```

函数 push(x) 表示让 x 进队，函数 pop() 表示让队头元素出队。注意，函数 push(x) 是有一个参数 x 的，因为进队要指定把 x 放进去；函数 pop() 是不需要参数的，因为队列已经保存了队列里面的所有元素，并且知道队头的元素是谁，出队的一定是队头的元素。

正确答案：

1	2	3

具体过程如图 1.29 所示，入队出队顺序如下：1 入队，2 入队，3 入队，队头 1 出队，队头 2 出队，队尾 4 入队，队头 3 出队。最终队列里还剩一个 4。

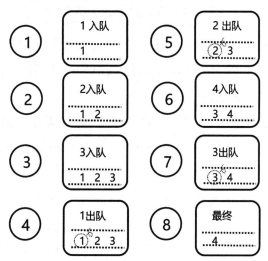

图 1.29　入队出队的顺序

1.3.2　队列的作用

在日常生活中和计算机技术领域里，队列有着广泛的应用。

例如，打印机在执行打印任务的时候，就应用了队列的思想。打印机先接受的任务先进入打印工作。在之前的打印任务还没结束时，如果有新的任务进来，就需要排队等候，直到上个任务结束。

一般情况下，当某种工作每次只能一个一个被顺次处理，同时任务有可能被批量接受的时候，都会存在一个队列来维护目前正在等待被处理的任务，并且保证按照先到先得的顺序，依次执行任务。

1.3.3 队列的固定数组实现

首先介绍一种简单的，用固定长度数组实现队列的算法。定义一个数组 a，用来存放队列中的元素，长度可以尽量长一些，超过预估要存放的元素的个数。再定义一个变量 head，表示队头元素的位置，定义一个变量 tail，表示队尾元素位置后的空位置。初始状态下 head 和 tail 都是 0，表示队列里还没有元素。这里的 tail 同时也代表队列中下一个元素要存放的位置，队列中元素的个数是 tail-head。

图 1.30 是队列里面已经存放了 3 个元素的情况，入队顺序是 1、4、3，它们分别存放在数组 0、1、2 的位置上。现在图中的状态是 head=0，tail=3。

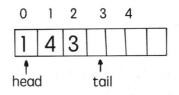

图 1.30 队列的固定数组实现

- 插入元素：将准备插入的数据，写到数组 a[tail]位置上，tail 自增 1。以队列数组 a 当前状态为例，插入一个元素 42，则将 a[3]赋值为 42，tail 变为 4。
- 查看队头元素：即为 a[head]。
- 弹出元素：队头 head 自增 1 即可。在队列当前状态下，就是将 head 赋值为 1。head 自增完成后，要不要把之前的位置 a[0]清零呢？答案是不需要的，这里大家可以思考一下原因。

这种实现方式会出现一个小问题：由于数组 a 的长度不好确定，在编写程序时，很难预估队列中需要存放多少个元素。如果数组 a 已满，再插入新元素就会出现数组访问越界的问题。同样，如果队列是空的，则 head 和 tail 的值相同，访问 a[head]就是访问 a[tail]，此时 a[tail]未被赋值，所以程序会出现错误。

仿照栈的例子，我们实现下列 5 个函数：

- 入队，参数是一个整数 n，将其放在队尾。

```
void push(int n);
```

- 出队，将队头元素从队中删除。

```
void pop();
```

- 查看队头，返回队头元素值，并不删除队头元素。

```
int front();
```

- 返回队列中剩余元素个数。

```
int size();
```

- 判断队列是否为空，返回 true 表示队列已经空了，false 表示不空。

```
bool empty();
```

5 个函数的具体实现代码如下：

```
int a[100];
int head,tail;

void push(int n) {
    a[tail++] = n;
}

void pop() {
    head++;
}

int front() {
    return a[head];
}

int size() {
    return tail-head;
}

bool empty() {
    return tail==head;
}
```

1.3.4　STL 中的队列

和栈一样，在 C++的标准模板库 STL 中，同样提供了一个队列模板。下面介绍一下它的基本使用方法。

使用 STL 中的队列前，要先加一个头文件 queue，即在程序最开始加一句：

```
#include <queue>
```

接下来定义一个队列变量。

```
queue<类型> 变量名
```

尖括号内填写队列内元素的类型。比如定义一个元素为 int 类型的队列，队列名称为 q，语法如下：

```
queue<int> q;
```

queue 里面包含可以直接使用的函数，函数名及作用与自己手动实现的版本相同。不过用法有些差异，并非直接写函数名字，语法如下：

```
队列名.函数名();
```

利用 STL 提供的队列模板，对队列 q 进行如下操作演示：

```
q.push(42);      //将元素 42 插入队列 q
q.pop();         //队列 q 的队头元素出队（移除队头元素）
q.front();       //返回队列 q 的队头元素，但不移除
q.back();        //返回队列 q 的队尾元素，但不移除
q.empty();       //判空，若队列 q 为空，则返回 true，不空则返回 false
q.size();        //获取队列 q 的元素个数
```

以一道例题演示一下队列的基本用法。

例 1-5

题目名字：T110307 卡牌游戏。

题目描述：

桌上有一叠牌，从第一张牌（位于顶面的牌）开始由上往下编号依次为 1～n，当至少还剩两张牌时进行以下操作：先把第一张牌扔掉，然后把新的第一张牌放到整叠牌的最后。输入 n，输出每次扔掉的牌的编号，以及最后剩下的牌的编号。

输入格式：

一个正整数 n。

输出格式：

每次扔掉的牌的编号，以及最后剩下的牌的编号。每个编号用一个空格隔开。

输入样例：

7

输出样例：

1 3 5 7 4 2 6

图 1.31 模拟的是卡牌游戏中卡牌的输出过程。

程序思路：

我们可以用一个队列，来模拟现在的卡牌堆。

（1）将 1～n 依次插入队列。

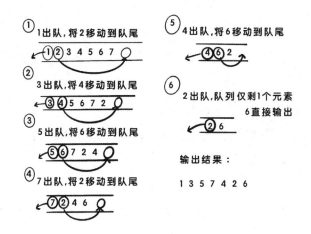

图 1.31　卡牌游戏中卡牌的输出过程

（2）如果队列剩余元素个数大于或等于 2，则进行以下操作：

① 输出队头元素；

② 删除队头元素；

③ 将队头元素插入队尾；

④ 删除队头元素。

（3）当队列剩余元素个数小于 2 时，将队列中的唯一元素输出。

完整代码如下：

```cpp
#include <iostream>
#include <queue>                          //加入队列需要的头文件
using namespace std;
int main() {
    int n;
    queue<int> q;                         //定义一个只含有 int 类型元素的队列，命名为 q
    cin >> n;                             //输入卡牌的张数
    for (int i = 1; i <= n; ++i) {
        q.push(i);                        //将 1~n（卡牌序号）依次插入队列 q 中
    }
    while (q.size() >= 2) {               //队列有 2 个或以上的元素
        cout << q.front() << " ";         //输出队头元素
        q.pop();                          //删除队头元素
        q.push(q.front());                //将队头元素插入队尾
        q.pop();
    }
    cout << q.front() << " ";             //输出队头元素
    return 0;
}
```

1.3.5　基数排序（Radix Sorting）

基数代表一个数的进制数，例如计算机采用的是二进制系统，它的特点是逢 2 进 1，这个 2 就是基数。换句话说，基数为几就是几进制数。例如，十进制数的基数是 10，八进制数的基数是 8。

有一种巧妙的排序算法是按照从低到高顺次，比较多位数的每一位来排序的。排序的过程中，需要准备基数个"桶"，所以叫作基数排序。

以十进制数为例，基数排序的过程如下：

（1）将所有需要排序的整数的位数统一，数位较短的数高位补零；

（2）根据最低位（个位）数字排

列数字；

（3）根据下一位置（十位）数字排列数字，如果这个位置上的数值相同，那么数字之间的顺序根据上一轮的排序确定；

（4）以此类推，直到最高位排序完成，此时数列就变成一个有序序列。

这个算法如何用桶排序？如何保证在排每一位的时候，更低位的顺序保持不变呢？我们不妨用一个例子演示一下。

以基数为 10 的 7 个不超过三位的数为例，演示一下基数排序的过程。假设一开始需要排序的数组里面的 7 个数字分别是 123、20、6、73、115、885、725。我们把数字都看成三位数，如果不够三位数，则高位补零。例如，将 20 改写为 020。首先，我们按照每个数的个位数字大小排序，准备 10 个空的队列，分别装个位数字为 0、个位数字为 1、个位数字为 2 的数字……每个队列视作一个桶，如图 1.32 所示。

图 1.32　基数排序过程 1

按照从左到右的顺序，依次看每个数，这个数的个位数字是多少，就放到对应的桶里，每个桶下方是队头，上方是队尾，新来的数字放到桶的最上方，如图 1.33 所示。

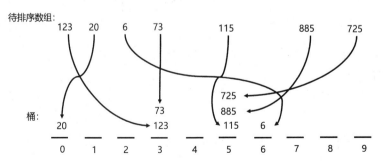

图 1.33　基数排序过程 2

接下来，按照 0 号桶，1 号桶……一直到 9 号桶的顺序，把每个桶里面的数字取出来，

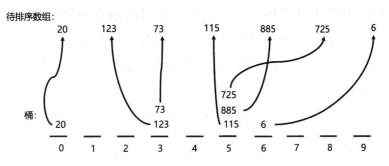

依次放回数组。注意，每个桶都是队列，要满足"先进先出"的原则，如图 1.34 所示。

图 1.34　基数排序过程 3

大家应该已经发现，现在数组当中所有数字，如果只看个位数字，它们已经按照从小到大的顺序排好了。接下来，我们把每个数字，按照十位数字放到对应的桶里，如图 1.35 所示。

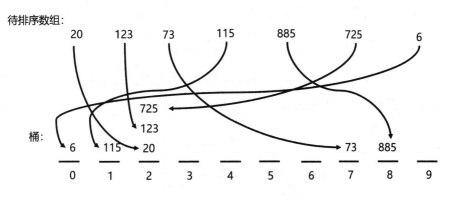

图 1.35　基数排序过程 4

仿照处理个位数字的过程，我们把数字从桶里取出来，依次放回数组，这时我们发现，数组中的所有数字，已经按照后两位排好了，如图 1.36 所示。

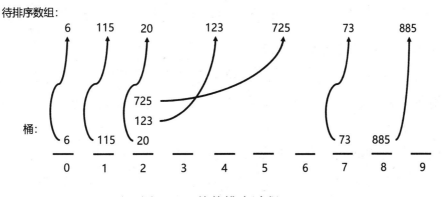

图 1.36　基数排序过程 5

这里请大家思考一下，我们这次是按照十位数字是 0，十位数字是 1，十位数字是 2……这样的顺序，从 10 个桶里面依次取数出来放回数组。所以在数组中，只看每个数的十位数字的话，它一定是从小到大排好的。当十位数字相同时，个位数字为什么也是从小到大排好的呢？

奥秘就在"队列"上，每个桶都是一个队列。一开始我们按照个位数字已经排好了，当按照十位数字将所有数字放到桶里时，进去的顺序满足个位数字从小到大，出队的时候，个位数字的顺序也会被保持，所以能做到，十位数字是从小到大排列的，在十位数字相同的情况下，个位数字也是从小到大排列的。是不是特别巧妙？这里队列起到了决定性作用，我们利用了它"先进先出"的性质。

现在我们按照百位数字的值，把数组中的数字放到桶里，如图 1.37 所示。

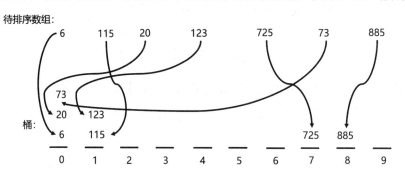

图 1.37　基数排序过程 6

最后从桶里面取出数字放回数组，此时我们发现数组已经排好了。相信大家已经理解了基数排序的过程和原理，最终的排序结果如图 1.38 所示。

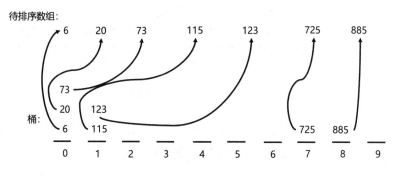

图 1.38　基数排序结果

基数排序的时间复杂度如何计算？

从上述过程中可以看到，每个数从个位数字到最高位数字都需要进入对应桶中一次，位数最长的数如果是 k 位数，就需要 k 轮 "入桶" 操作，而每一轮一共要处理 n 个数，所以时间复杂度为 $O(kn)$。

下面通过一道例题巩固一下对基数排序的理解。

例 1-6

题目名字：T110310 基数排序的过程。

题目描述：

给定包含 N 个元素的数组 a[1], a[2], a[3],…, a[N]，利用基数排序将其排成升序。这里数组的元素范围为 0～999。

基数排序：

（1）根据个位数字大小排序；

（2）根据十位数字大小排序；

（3）根据百位数字大小排序。

请输出每次排序后的中间结果。

输入格式：

2 行，第一行包含一个正整数 N（$1 \leqslant N \leqslant 500000$），代表数组元素个数；第二行包含 N 个 0～999 范围内整数，用空格隔开。

输出格式：

3 行，依次输出按照个、十、百位数字大小排序后的数组。

输入样例：

5

12 3 416 19 673

输出样例：

12 3 673 416 19

3 12 416 19 673

3 12 19 416 673

 思路分析：

（1）从基数排序的过程可以看出，当按照个位数字进行分组的时候，需要 10 个队列，依次存放个位数为 0～9 的所有数字。当然可以定义 10 个 queue 变量，但是程序实现会比较麻烦，更好的方式是，定义一个队列的数组，语法如下：

```
queue<int> q0[10];
```

注意这个语法，表示 q0 是一个数组，数组里面有 10 个元素，每个元素是一个装 int 类型元素的 queue 变量。当第一次按照个位数字分组的时候，个位数字是 x 的元素，就被存入 q0[x]。例如个位数字是 9 的元素，就存入 q0[9]。

当然，只有这一组 10 个 queue 变量是不够的，题目明确指出输入的数字 t 都是三位数，所以需要 3 个队列数组 q0[10]、q1[10]、q2[10]。数组 q0 的含义如上文所述，数组 q1 用来按照十位数字分组，数组 q2 用来按照百位数字分组。这三个数组正确定义后，就成功了一半。

（2）按顺序输入每个数字，设当前输入的数字为 t，个位数字是 t%10，将 t 放入对应编号的个位队列数组 q0[t%10]。这样，我们成功完成了按照个位数字分组的过程。

（3）现在要按照十位数字排序了。按照算法的要求，查看所有个位是 0 的数字。我们知道，这些数字都在 q0[0] 里面，首先将 q0[0] 的队头元素赋值给 t，求得十位数字 t/10%10，将其放入对应的队列数组 q1[t/10%10]，然后按照题目要求输出 t，最后将其从队列 q0[0]中弹出，再取现有队头元素重复上述过程，直到队列 q0[0]为空。接下来依次继续处理 q0[1]～q0[9]，直到数组 q0 中所有队列都为空。此时，数组 q0 中所有的元素都按顺序输出了，并且分组到了数组 q1 的合适位置上。

（4）按照相同的思路，取出队列数组 q1 中的元素，输出并放到数组 q2 的对应位置上。

（5）从队列数组 q2 中按 q2[0] ～ q2[9]的顺序循环输出即可。

注意：由于数据规模较大，建议用 scanf()函数输入数据，用 printf()函数输出数据，会比使用标准输入流对象 cin 和标准输出流对象 cout 的速度快很多。使用 scanf()函数和 printf()函数需要加入头文件 cstdio。

完整代码如下：

```cpp
#include <cstdio>
#include <queue>

using namespace std;

int main() {
    int n, t;
    queue<int> q0[10], q1[10], q2[10];   //建立 3 个队列数组
    scanf("%d", &n);                      //输入 n，代表 n 个数字
    for (int i = 0; i < n; ++i) {         //循环 n 次
        scanf("%d", &t);                  //输入每一个数字 t
        q0[t % 10].push(t);               //根据 t 的个位数字，放入 q0 对应的"桶"中。
    }
    for (int i = 0; i < 10; ++i) {        //从 0 到 9，依次查看每个"桶"
        while (!q0[i].empty()) {          //个位队列中的 i 号桶还有元素
            t = q0[i].front();            //将队头元素赋值给 t
            printf("%d ", t);             //输出 t 和空格
            q0[i].pop();                  //弹出队头元素
            q1[t / 10 % 10].push(t);      //根据 t 的十位数字，放入 q1 对应的"桶"中。
        }
    }
    printf("\n");                         //按个位数字排序完成，输出换行
    for (int i = 0; i < 10; ++i) {
        while (!q1[i].empty()) {
            t = q1[i].front();
            printf("%d ", t);
            q1[i].pop();                  //弹出 q1 的队头元素
            q2[t / 100].push(t);          //根据 t 的百位数字，放入 q2 对应的"桶"中。
        }
    }
    printf("\n");
    for (int i = 0; i < 10; ++i) {
        while (!q2[i].empty()) {          //百位队列中的 i 号桶还有元素
            t = q2[i].front();
```

```
            printf("%d ", t);
            q2[i].pop();
        }
    }
    printf("\n");
    return 0;
}
```

1.3.6 结构体的构造函数

为了更好地学习接下来的内容，我们先介绍一个语法知识——构造函数。构造函数是关于结构体的语法，当创建一个结构体的变量时，变量中的每个字段都要赋值或输入，使程序冗长复杂。例如，Stu 类型的结构体变量 p 包含姓名（name）、年龄（age）、分数（mark）等 3 个字段，按常规写法，代码如下：

```
struct Stu {
    string name;
    int age;
    double mark;
};

int main() {
    Stu p;
    p.name = "Mary";
    p.age = 18;
    p.mark = 95.5;
    cout << p.name << " " << p.age << " " << p.mark;
    return 0;
}
```

创建结构体变量后，还要对其每个字段依次赋值，如果变量中的字段相对较多，则程序会显得十分冗长。一旦忘记对结构体变量中的某个字段赋值，就直接使用，则会产生重大错误。能否找到一种语法可以直接把数值放入对应的结构体变量字段，并且传递数值过程像调用函数一样简洁呢？答案是可以的，在 C++中，这个语法叫作构造函数。

构造函数类似于普通函数，有 3 点区别需要注意：

（1）构造函数要写在结构体大括号内部。

（2）构造函数的函数名称与结构体名称必须相同。

（3）构造函数是没有返回值类型的，不需要在函数名前加任何类型，也不需要写"void"。

如何书写构造函数呢？

先要确定函数名称，即结构体名称 Stu，然后是一对小括号，小括号内部写创建结构体变量时需要传进来的参数。例如，在创建 Stu 类型的变量时，需要给 name、age、mark 等 3 个字段赋值，在小括号内写对应的 3 个参数 n、a、m。当然，这里并不一定需要写结构体中的所有字段，只需要把一开始创建结构体就需要的必不可少的字段写在这里，其他字段可以在以后用传统的方法赋值。

```
struct Stu {
    string name;
    int age;
    double mark;

    Stu(string n, int a, double m) {
        name = n;
        age = a;
        mark = m;
    }
};

int main() {
    Stu p("Mary", 15, 95.5);
    cout << p.name << " " << p.age << " " << p.mark;
    return 0;
}
```

在主函数中，在创建 Stu 类型的 p 变量时，与以往不同，直接用类似调用函数的语法，将 Mary、15、95.5 等 3 个数值依次传给构造函数小括号内部的 n、a、m。构造函数的函数体会将其依次赋值给 name、age、mark 等 3 个字段，即可成功地在创建 p 变量的时候完成赋值，代码变得非常简洁。

我们可以利用初始化列表的语法，去掉构造函数大括号内部的 3 条语句，使程序更加简洁。初始化列表的语法如下：

先在构造函数的小括号后面加上 ":"，其后面是每个字段的初始化语句。初始化语句是字段名称加小括号，小括号里面是用来给当前字段初始化的值。如果有多个初始化语句，之间用逗号隔开。这样，在初始化列表这部分就可以完成对需要的字段赋值，原本在构造函数大括号内部的语句都可以省略掉了。

```
#include <iostream>
#include <stack>

using namespace std;

struct Stu {
    string name;
    int age;
    double mark;

    Stu(string n, int a, double m) : name(n), age(a), mark(m) {}
};

int main() {
```

```
    Stu p("Mary", 15, 95.5);
    cout << p.name << " " << p.age << " " << p.mark;
    return 0;
}
```

主函数在创建 Stu 类型的 p 变量时，将 Mary、15、95.5 等 3 个数值依次传给构造函数中的 n、a、m。在初始化列表中，它们又被依次写入 name、age、mark 等 3 个字段中，完成 p 变量的赋值。

事实上，在书写构造函数时，会将构造函数的参数名称与其对应的字段名称保持一致，不需要另起新的变量名称。最终版本的构造函数如下：

```
struct Stu {
    string name;
    int age;
    double mark;

    Stu(string name, int age, double mark) : name(name), age(age), mark(mark) {}
};

int main() {
    Stu p("Mary", 15, 95.5);
    cout << p.name << " " << p.age << " " << p.mark;
    return 0;
}
```

另外，需要注意的是，在 C++11 版本以后，允许使用一个比较新的"列表初始化"语法。这个语法不需要给结构体写构造函数，也能创建结构体类型的变量，只需要在创建变量的时候使用大括号把几个字段的值按顺序依次括起来，直接赋值即可。示例如下：

```
struct Stu {
    string name;
    int age;
    double mark;
};

int main() {
    Stu p = {"Mary", 15, 95.5};
    cout << p.name << " " << p.age << " " << p.mark;
    return 0;
}
```

2021 年以后的 CSP-J/S 和 NOIP 比赛都支持比 C++11 更新的 C++14 版本语言，可以放心使用。如果参加其他的算法竞赛，请询问主办方支持的语言标准。另外，如果大家本机的编程环境比较旧，比如使用的是 Dev C++工具老版本，可能默认不支持 C++11 的语法，需要进行简单的设置以后才可以使用，具体方法因工具不同而异。

1.3.7 队列的应用

下面通过一道例题来学习队列的应用。

例 17

题目名字：P2058 海港。

题目描述：

小 K 是一个海港的海关工作人员，每天都有许多船舶到达海港，船舶上通常有很多来自不同国家的乘客。

小 K 对这些到达海港的船舶非常感兴趣，按照时间记录下了到达海港的每一艘船舶的情况；对于第 i 艘到达的船舶，他记录了这艘船舶到达的时间 t_i（单位：秒），船舶上的乘客数 k_i，以及每名乘客的国籍 $x_{i1}, x_{i2}, \cdots, x_{ik}$。

小 K 统计了 n 艘船舶的信息，希望计算出 24 小时（24 小时=86400 秒）内所有乘船到达的乘客来自多少个国家。

总体来看，需要计算 n 条信息。对于输出的第 i 条信息，需要统计满足 $t_i - 86400 < t_p \le t_i$ 的船舶 p，在所有的 x_{pj} 中，总共有多少个不同的数。

输入格式：

第 1 行输入一个正整数 n，表示小 K 统计了 n 艘船舶的信息。

接下来 n 行，每行描述一艘船舶的信息：前两个整数 t_i 和 k_i 分别表示这艘船舶到达海港的时间和船舶上的乘客数量，接下来 k_i 个整数 x_{ij} 表示船舶上乘客的国籍。

保证输入的 t_i 是递增的，单位是秒；表示从小 K 第一次上班开始计时，这艘船舶在第 t_i 秒到达海港。保证 $1 \le n \le 10^5$，$\sum k_i \le 3 \times 10^5$，$1 \le x_{ij} \le 10^5$，$1 \le t_{i-1} \le t_i \le 10^9$。

其中，$\sum k_i$ 表示所有 k_i 的和。

输出格式：

输出 n 行，第 i 行输出一个整数表示第 i 艘船舶到达后的统计信息。

输入样例 1：

3

1 4 4 1 2 2

2 2 2 3

10 1 3

输出样例 1：

3

4

4

输入样例2：

4

1 4 1 2 2 3

3 2 2 3

86401 2 3 4

86402 1 5

输出样例2：

3

3

3

4

样例1解释：

第一艘船舶在第1秒到达海港，最近24小时到达的船舶是第一艘船舶，共有4个乘客，分别来自国家4，国家1，国家2，国家2，共来自3个国家；

第二艘船舶在第2秒到达海港，最近24小时到达的船舶是第一艘船舶和第二艘船舶，共有4＋2＝6个乘客，分别来自国家4，国家1，国家2，国家2，国家2，国家3，共来自4个国家；

第三艘船舶在第10秒到达海港，最近24小时到达的船舶是第一艘船舶、第二艘船舶和第三艘船舶，共有4+2+1=7个乘客，分别来自国家4，国家1，国家2，国家2，国家2，国家3，国家3，共来自4个国家。

样例2解释：

第一艘船舶在第1秒到达海港，最近24小时到达的船舶是第一艘船舶，共有4个乘客，分别来自国家1，国家2，国家2，国家3，共来自3个国家。

第二艘船舶在第3秒到达海港，最近24小时到达的船舶是第一艘船舶和第二艘船舶，共有4+2=6个乘客，分别来自国家1，国家2，国家2，国家3，国家2，国家3，共来自3个国家。

第三艘船舶在第86401秒到达海港，最近24小时到达的船舶是第二艘船舶和第三艘船舶，共有2+2=4个乘客，分别来自国家2，国家3，国家3，国家4，共来自3个国家。

第四艘船舶在第86402秒到达海港，最近24小时到达的船舶是第二艘船舶、第三艘船舶和第四艘船舶，共有2+2+1=5个乘客，分别来自国家2，国家3，国家3，国家4，国家5，共来自4个国家。

数据范围：

对于10%的测试点，$n=1, \sum k_i \leq 10, 1 \leq x_{ij} \leq 10, 1 \leq t_i \leq 10$；

对于20%的测试点，$1 \leq n \leq 10, \sum k_i \leq 100, 1 \leq x_{ij} \leq 100, 1 \leq t_i \leq 32767$；

对于40%的测试点，$1 \leq n \leq 100, \sum k_i \leq 100, 1 \leq x_{ij} \leq 100, 1 \leq t_i \leq 86400$；

对于 70% 的测试点，$1 \leqslant n \leqslant 1000, \sum k_i \leqslant 3000, 1 \leqslant x_{ij} \leqslant 1000, 1 \leqslant t_i \leqslant 10^9$；

对于 100% 的测试点，$1 \leqslant n \leqslant 10^5, \sum k_i \leqslant 3 \times 10^5, 1 \leqslant x_{ij} \leqslant 10^5, 1 \leqslant t_i \leqslant 10^9$。

 思路分析：

（1）第一种方法。

首先建立一个结构体 Person，用来存放每个乘客的到达时间（time）和国籍（nation）。然后创建结构体的数组 a，用这个数组的第 i 个位置存放第 i 个乘客的信息，这样就能存储所有乘客的信息了，如图 1.39 所示。

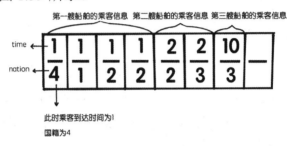

图 1.39　建立结构体存储乘客信息

再建立一个数组 sum[100005]，利用"桶"的思想，数组 sum 的第 i 个位置用来表示国籍为 i 的乘客数量。例如，有 6 个乘客国籍为 3，那么 sum[3]=6。用一个变量 cnt 表示目前有多少个国籍，初始化为 0。

读入每一艘船舶上所有乘客到达的时间和国籍，乘客到达的时间即船舶到达的时间。将最后一个读入的乘客 j 与前面所有的乘客 i 做对比，如果到达时间相差没有超过 24 小时（86400 秒），就将乘客 i 所在的国籍人数加 1(sum[a[i].nation]++)。此时，若 sum[a[i].nation] 的值是 1，说明此国籍为第一次出现，国籍新增 1 种，cnt 加 1；若 sum[a[i].nation] 的值大于 1，说明此国籍曾经有过乘客，国籍种类 cnt 保持不变。

程序代码如下：

```cpp
#include<iostream>
#include<cstring>

using namespace std;
struct Person {                    //建立结构体 Person
    int time, nation;              //结构体包含乘客到达时间、国籍
};
Person a[300005];                  //乘客最多有 300000 个，为了防止数组越界，多留
出 5 个位置
    int sum[100005];               //国籍种类最多有 100000 个，同理多留出 5 个位置
    int main() {
        int n, j = 0, k, t, cnt, tmp;
        cin >> n;                  //输入 n 艘船
        for (int i = 1; i <= n; i++) {
            cnt = 0;               //国籍种类数量初始化为 0
```

```
        memset(sum, 0, sizeof(sum));  //各国国籍人数初始化为0
        cin >> t >> k;               //输入每艘船舶到达的时间和人数
        while (k > 0) {              //依次输入k个人的国籍
            j++;                     //j是乘客编号，每次增加1
            cin >> a[j].nation;      //乘客j的国籍
            a[j].time = t;           //船舶到达时间即为乘客到达时间
            k--;                     //人数-1，直至为0
        }
        for (int i = 1; i <= j; i++) {
            //从第一个乘客开始，到最后一个乘客
            if (a[j].time - a[i].time < 86400) {
                //第i个乘客与最后一个乘客到达时间相差不超过24小时
                tmp = a[i].nation;    //第i个乘客的国籍赋值给tmp
                sum[tmp]++;           //第i个乘客的国籍人数增加1
                //如果该国只有刚增加的那一人，说明该国是第一次出现，国籍种类数量加1
                if (sum[tmp] == 1) cnt++;
            }
        }
        cout << cnt << endl;          //输出总数量
    }
    return 0;
}
```

这种循环嵌套的解题思路虽然非常直观，但是当数据规模非常大的时候，运行时间会很长。在算法竞赛中，通常要求程序在一秒钟内运行完毕，得出结果。本题的最大数据量是10^5，总人数是$3×10^5$。让我们估算一下程序运行时间：最坏情况下，一共10^5艘船舶，统计每艘船舶的答案的时候，要访问的人数是$3×10^5$，那么总的计算量为$3×10^{10}$。程序一秒内可以运行的计算量大概是10^9，显然需要30秒才能运行完。在算法竞赛中，这种情况会被判定为超时错误。有没有更好的算法可以优化时间复杂度呢？

（2）第二种方法。

先考虑第一种方法中是否有比较浪费时间的重复计算？当计算第i艘船舶的答案时，前面程序的数组a中其实存放了从第1艘船舶到第i艘船舶上所有乘客的信息，把这个数组完整地扫描一遍来查找答案。

在题目中，每艘船舶到的时间是从小到大有序的，实际上，在对到达时间靠后的某一艘船舶计算时，因为数组前面的那些船舶来得比较早，它们其实早已"过期"，比如当第10艘船舶到达时，第1艘船舶到第5艘船舶到达的时间都已经不在24小时以内了，那么当第11艘船舶到达时，第1艘船舶到第5艘船舶的信息更不可能出现在答案里。但是在统计答案的时候，还是把这5艘船舶上每个乘客的时间都和第11艘船舶到达的时间比较了一次。

所以，节约时间的关键步骤就是，当某个时刻正在计算第u艘船舶的答案的时候，发现数组开头的船舶到达时间过早，已经不能对答案产生影响，就把这些船舶上所有人的信息从数组里删掉。这样，下一艘船舶就不会再考虑这些被删掉的信息，计算每艘船舶的时候，要在数组里面扫描的元素个数会大大减少。

从数组中删除元素是非常麻烦的，但是我们发现这个过程符合队列的"先入先出"原则，当新的船舶到达时，在数组结尾添加元素，正好相当于在队尾插入。而从数组开头删除元素，正好相当于从队头出队。而队列的入队和出队，可以非常方便地使用现成的 push() 函数和 pop() 函数。

每个乘客的信息需要存储两个整数：一个是到达时间 time；另一个是国籍 nation。可以先建立一个结构体 Person 来存储每个人的信息，之后建立结构体 Person 类型的队列，每次读入一组信息（time、nation），便创建一个新的 Person 类型的对象，并把它插入队列末尾。

以例 1-7 中的输入样例 2 为例，优化后的结构体队列如图 1.40 所示。

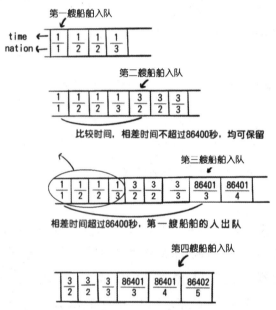

图 1.40　优化后的结构体队列

当每一艘船舶到达的时候，sum 数组也不需要清空，因为 sum 数组维护的是现在队列里面所有人的国籍信息。当新的乘客从队尾入队的时候，把 sum 数组对应位置加 1，如果 sum 数组这个位置原来是 0，把 cnt 也加 1。同样，当有元素出队的时候，把 sum 数组对应位置减 1，如果 sum 数组这个位置被减到 0 了，把 cnt 也减 1。

完整代码如下：

```cpp
#include <iostream>
#include <queue>

using namespace std;
const int MAXN = 100005;

struct Person{
    int nation, time;//建立 Person 结构体，包含乘客到达时间、国籍
```

```
        Person(int nation, int time) : nation(nation), time(time) {}
};

int sum[MAXN];

int main() {
    int n, cnt = 0;
    queue<Person> q;//建立结构体队列
    cin >> n;
    for (int i = 0; i < n; ++i) {
        int t, k;
        cin >> t >> k;//输入每艘船舶到达的时间和人数
        for (int j = 0; j < k; ++j) {
            int nation;
            cin >> nation;//依次输入 k 个人的国籍
            if (sum[nation] == 0) {
                //如果此国家未曾有乘客
                cnt++;//新增国籍种类+1
            }
            sum[nation]++;
            //利用构造函数将该乘客到达时间、国籍写入队列
            q.push(People(nation, t));
        }
        while (!q.empty() && q.front().time <= t - 86400) {
            //只要队列不空，就比较队头第一个乘客的到达时间与当前这艘船舶的到达时间
            //相差如果超过 24 小时，说明队头元素过期了
            //队头元素对应国籍的乘客数量减 1
            sum[q.front().nation]--;
            //如果该国籍人数减少至 0，则国籍种类减 1
            if (sum[q.front().nation] == 0) cnt--;
            //队头元素信息维护完毕，将其出队
            q.pop();
        }
        cout << cnt << endl;//输出国籍种类数量
    }
    return 0;
}
```

　　由于每个人只入队一次，出队一次，时间复杂度是正比于人数的，第二种方法比第一种方法快了很多，按照题目中数据量估计，人数最多是3×10^5，所以大概的计算量是3×10^5，程序在 1 秒之内完全可以运行完毕。

1.4 前缀和

前缀和是一种比较基础的线性数据结构，用于优化序列中区间求和的问题。

1.4.1 前缀和的引入

已知一个一维数组 a，不妨设数组内部有 n 个元素，并且每个元素都已知。如果要求这 n 个元素的总和，需要访问位置 1 到 n 之间的所有元素，将它们累计求和。这个过程的时间复杂度是 $O(n)$。

部分程序示例如下：

```
int s = 0;
for(int i = 1;i <= n;i++){
    s = s + a[i];
}
```

如何求这个数组中某段区间的元素和呢？例如，求数组 a 中$[i,j]$区间的和，也就是求 $a[i]+a[i+1]+a[i+2]+\cdots+a[j-1]+a[j]$ 是多少，常规的方法是从下标 i 的位置开始累加，直到下标达到 j 为止。这个过程的时间复杂度也是 $O(n)$。

部分程序示例如下：

```
for(int k = i;k <= j;k++){
    s = s + a[k];
}
```

如果只是简单求一次区间和，按照上述朴素方式进行计算即可。但是如果要频繁计算，比如要在数组上进行 n 次查询，每次查询一个区间的和，那么这个方法的总时间复杂度就是 $O(n^2)$。如何优化程序，使得程序运行速度加快呢？

1.4.2 一维数组前缀和

前缀和是一个数组的某项元素之前（包括此项元素）的所有数组元素的和。

例如，数组 a 前 5 项的前缀和 $S = a[1]+a[2]+a[3]+a[4]+a[5]$。若将位置 1 到 n 之间的每一个前缀和放在一个数组里面，就可以得到前缀和数组 pre，即

$$pre[i] = \sum_{k=1}^{i} a[k]$$

例如，

$$pre[1] = a[1]$$

$$pre[2] = a[1] + a[2]$$
$$pre[3] = a[1] + a[2] + a[3]$$
$$\cdots$$
$$pre[n] = a[1] + a[2] + \cdots + a[n]$$

数组 pre 可以以 $O(n)$ 的时间复杂度预处理出来，因为 $pre[i] = pre[i-1] + a[i]$。所以只需要循环一遍，用 $pre[i-1]$ 的值加上 $a[i]$，就可以算出 $pre[i]$ 的值，再计算下一个 $pre[i]$ 即可。示例代码如下：

```cpp
const int MAXN = 1e5 + 5;

int n, a[MAXN], pre[MAXN];

int main() {
    cin >> n;
    for (int i = 1; i <= n; ++i) {
        cin >> a[i];                //用循环把数组 a 读进来
        pre[i] = pre[i - 1] + a[i]; //利用递推关系计算数组 pre
    }
    return 0;
}
```

请注意，这里数组 a 和数组 pre 都是从位置 1 开始使用的。因为数组 pre 定义在全局变量区，所有位置都会被自动初始化成 0，所以 pre[0] 里面是 0。在第一次计算 pre[1] 时，用 pre[1-1]+a[1] 也就是 pre[0]+a[1]，此时 pre[0] 是 0，不影响答案，所以 pre[1]=a[1]，不需要特殊处理。如果数组 a 和数组 pre 打算从位置 0 开始用，那么必须在循环外面写 pre[0]=a[0]，for 循环从 1 开始，否则 pre[0] 不满足递推关系，访问到 pre[-1] 时可能会出现运行时错误（Runtime Error）而被系统强制结束运行。

当数组 pre 预处理完，则 $[l, r]$ 的区间和就可以以 $O(1)$ 的时间复杂度计算出来！因为
$$a[l] + a[l+1] + \cdots + a[r-1] + a[r]$$
$$= (a[1] + a[2] + \cdots + a[r-1] + a[r]) - (a[1] + a[2] + \cdots + a[l-2] + a[l-1])$$
$$= pre[r] - pre[l-1]$$

所以，所求区间和可以表示为 pre[r]-pre[l-1]，计算区间和的时间复杂度从 $O(n)$ 降低到了 $O(1)$。此时如果再进行 n 次区间查询，总时间复杂度就是 $O(n)$，比原来快了 n 倍。

综上，前缀和这种数据结构的思想，就是以 $O(n)$ 的时间复杂度预处理数组 pre，这样可以把后续每次区间和查询的时间复杂度从 $O(n)$ 优化到 $O(1)$，适用于数组元素不变的情况下频繁对区间进行查询的场景。

提　示

静态问题和动态问题

我们可以把算法问题分为静态问题和动态问题。静态问题是指问题中的数字不修改，只进行查询。或者先做完所有的修改，之后再进行查询。前缀和解决的就是静态问题，数

组中的元素不变，每次查询一个范围内的和。这种解决静态问题的算法，叫作静态算法。

反之，如果允许查询和修改交替进行，则称之为动态问题。解决动态问题的算法叫作动态算法。如果现在数组允许修改一些元素，那么我们预处理出来的前缀和数组就需要重新计算了，这样会很慢，所以前缀和不能解决涉及数组修改的问题。

有趣的是，本书第4章会介绍动态规划算法，而动态规划算法其实是静态算法，只是名字里带了"动态"两个字而已。

看一道例题：

例 1-8

题目名字：T111575 子段和。

题目描述：

N 个数的数组：a[1],a[2],a[3],…,a[N]。

给定子数组的左/右两端的下标 L/R，求这个子数组的和 a[L]+a[L+1]+…+ a[R]。

输入格式：

第 1 行包含 1 个整数 $N(N \leq 200000)$。

第 2 行包含 N 个 int 类型表示范围内的整数，空格隔开。

第 3 行包含 1 个整数 $T(T \leq 10000)$，表示有 T 组询问。

输入共 T 行，每行包含 2 个整数 L、R，满足 $1 \leq L \leq R \leq N$。

输出格式：

输出共 T 行，每行给出对应询问的结果。

输入样例：

4

1 2 4 3

2

1 4

2 3

输出样例：

10

6

说明/提示：

对于 60%的测试点，$N \leq 100$，$T \leq 100$。

对于 100%的测试点，$N \leq 200000$，$T \leq 10000$。

 思路分析：

容易发现，本例题是一个静态区间查询问题，输入的数组不变，进行 T 次查询，每次查询一个区间范围内的和。本例题符合前缀和的使用条件，可以使用数组 a 存放原始数组，预处理一个前缀和数组 pre，在每次查询[l,r]区间和时，计算 pre[r]−pre[l−1]即可。另外需要注意，题目中规定数组中每个数字都在 int 类型表示范围内，但是 int 类型的数字加上 int 类型的数字，其结果就不一定是 int 类型能装得下的了。所以数组 pre 需要使用 long long 类型。

完整代码如下：

```
#include<iostream>
using namespace std;
int a[200005];                      //数组最大容量是 200000，多留出 5 个位置，防止
数组越界
long long pre[200005];              //建立前缀和数组
int main(){
    int n,i,t,l,r;
    cin>>n;                         //输入数组长度
    for(i=1;i<=n;i++){
        cin>>a[i];                  //依次输入 n 个数组元素
    }
    for(i=1;i<=n;i++){
        pre[i]=pre[i-1]+a[i];       //当前前缀和是上一项的前缀和加上当前元素
    }
    cin>>t;                         //欲求 t 组数据
    for(i=1;i<=t;i++){
        cin>>l>>r;                  //依次输入每组数据的区间起始点、终点位置
        cout<<pre[r]-pre[l-1]<<endl; //区间和等于终点的总和减去起始点前一项的总和
    }
    return 0;
}
```

在上述基础上，我们要找到最大的一段区间和，怎么做呢？例题如下。

例 1-9

题目名字：P1115 最大子段和。

题目描述：

给出一个长度为 n 的序列，选出其中连续且非空的一段使得这段和最大。

输入格式：

第 1 行是 1 个整数，表示序列的长度 n。

第 2 行有 n 个整数，第 i 个整数表示序列第 i 个数字 a[i]。

输出格式:

1 个整数，表示答案。

输入样例:

7

2 -4 3 -1 2 -4 3

输出样例:

4

思路分析:

定义一个变量 max，表示目前为止已知的最大子段和，从前往后依次看每个数字。边看边计算前缀和，并且在前缀和出现负数时，丢弃掉负数。以输入样例为例，我们来具体看一下这个过程，理解一下为什么要丢弃负数前缀和。

初始化的 max 为第一个数字，max=pre[1]=a[1]=2。

pre[2]=-2，它不大于当前的 max，max 仍然是初始值 2。前缀和出现了负数，说明加上第二个数反而会使子段和变小。pre[3]=pre[2]+a[3]，我们发现如果加上前面的 pre[2]，反而会使子段和变小，加上它不如不要它。我们可以考虑舍弃"负能量"的数，将其对应的 pre[2]赋值为 0，表示我们不要第二个数字，以及第二个数字前面的数了。之后考虑子段和时，以第三个数作为起点。此时，pre[3]=3，比 max 大，max 更新为 3，表示我们目前发现的最大子段和只包括第三个数字，只有一个 3。

pre[4]=pre[3]+a[4]=2，不大于当前的 max，max 仍然是 3。

pre[5]=pre[4]+a[5]=4，比 max 大，max 被赋值为 4。表示从第三个数到第五个数，这一段的总和是 4，这是目前为止我们发现的最大的子段和。

按照相同的方法继续计算，发现 pre[6]、pre[7]均不大于当前的 max。

输出结果为 4。

完整代码如下:

```
#include<iostream>
using namespace std;
long long a[200005];        //数组元素个数最大是 200000，多留出 5 个位置，防止
数组越界
long long  pre[200005];     //前缀和个数最大也是 200000，多留出 5 个位置，防止
数组越界
int main(){
    int n,i;
    cin>>n;                 //输入数组元素个数
    for(i=1;i<=n;i++){
        cin>>a[i];          //依次输入数组元素
    }
    pre[1]=a[1];            //第一项的前缀和是它自己
    long long max=a[1];     //初始化 max
```

```
    for(i=2;i<=n;i++){
        if(pre[i-1]<0) pre[i-1]=0;    //如果前一项前缀和是负数，舍弃后清零重新开始
        pre[i]=pre[i-1]+a[i];         //计算当前的子段和
        if(pre[i]>max) max=pre[i];    //如果子段和大于 max，max 更新
    }
    cout<<max;                        //输出 max
    return 0;
}
```

前缀和的思想，除了可以用来求一个区间内的和以外，也可以用来预处理最大值（max）。另外，除了从前往后计算前缀和以外，也可以从后往前预处理一个后缀和。请看一个灵活运用前缀和思想的例子。

例 1-10

题目名字：T111583 max 值 PK。

题目描述：

N 个数的数组：a[1],a[2],…,a[N]。

将此数组分成前后两部分：a[1]…a[m]和 a[m+1]…a[N]，满足 $1 \leq m < N$。

在这两部分中各自选出最大元素（假设前后部分最大值分别为 maxA, maxB）进行 PK，即计算 maxA − maxB。

请问该如何选取 m，使得|maxA − maxB|最大。

输入格式：

第 1 行包含 1 个整数 $N(N \leq 2000000)$。

第 2 行包含 N 个 int 类型表示范围内的整数，空格隔开。

输出格式：

1 个整数，表示|maxA − maxB|可以取到的最大值

输入样例：

4

2 1 4 3

输出样例：

2

 思路分析：

本例题在不考虑时间复杂度的情况下，最为常规的做法是先枚举数组中每个位置 i，求出 i 的左边出现过的最大值 maxA 和 i 的右边出现过的最大值 maxB。然后求出 maxA−maxB 的绝对值，再求出所有绝对值的最大值。这个暴力算法的代码如下：

```
#include<iostream>
#include<cmath>
```

```
using namespace std;
long long a[2000005];              //数组的最大规模
int main(){
    long long n,i,j,maxA,maxB,M=0,tmp;
    cin>>n;                        //n 个数
    for(i=1;i<=n;i++){
        cin>>a[i];                 //依次读入 n 个数
    }
    for(i=1;i<n;i++){              //枚举 1~n-1 所有位置
        maxA=maxB=0;               //将 maxA 和 maxB 初始化为 0
        for(j=1;j<=i;j++){         //从第 1 个元素向右开始枚举
            if(a[j]>maxA){         //如果数组元素大于 maxA
                maxA=a[j];         //maxA 更新为 a[j]
            }
        }
        for(j=i+1;j<=n;j++){       //从第 i+1 个元素向右开始枚举
            if(a[j]>maxB){         //如果数组元素大于 maxB
                maxB=a[j];         //maxB 更新为 a[j]
            }
        }
        tmp=abs(maxA-maxB);        //求得 maxA 和 maxB 之差的绝对值
        if(tmp>m) m=tmp;           //如果这个值大于 m，m 更新为 tmp
    }
    cout<<m;                       //输出 m
    return 0;
}
```

由于本例题的数据规模较大，很有可能出现超时情况。我们来计算一下上述算法的时间复杂度，需要枚举 n 个位置左右两端最大值之差，对于每个位置，找到左边的 maxA 和右边的 maxB 需要 $O(n)$ 的时间复杂度，所以一共需要 $O(n^2)$ 的时间复杂度。n 的最大规模是 2×10^6，所以总计算量是 4×10^{12}，要知道电脑每秒钟的计算量是 10^9，我们的计算时间远远超过了 1 秒，需要找到一种更好的算法来优化程序。

算法竞赛是一门优化的艺术，而优化程序的绝佳方法就是寻找重复计算。本例题中的 m 不确定，需要枚举这个位置，一旦 m 确定了，则在 m 的左边和右边找最大值。找最大值的操作进行了 $2 \times n$ 次，每次又把需要求最大值的部分完整扫描一遍，真的有必要吗？

例如，已知前 5 个数的最大值，若 m 向右移动一个位置，则需要求前 6 个数的最大值，这时有必要把前 6 个数都扫描一遍找最大值吗？能不能在已知前 5 个数最大值的情况下，快速计算出前 6 个数的最大值？

容易发现，在计算前 6 个数最大值的过程中，首先计算了前 5 个数的最大值，然后比较这个最大值和第 6 个数，这个过程中就出现了重复计算！因为前 5 个数的最大值已经算过了，无须重新计算，可以直接用之前现成的结果与第 6 个数进行比较，这样只需要比较一次就可以知道前 6 个数的最大值。

同理，如果知道前 6 个数的最大值，只需用该值与第 7 个数比较，较大者即为前 7 个数的最大值。

例如，定义一个数组 l[2000000]，用 l[i] 表示左边从第一个元素到第 i 个元素范围内的最大值。第一个位置 l[1] 即为 a[1] 本身。从第 2 个位置开始有递推关系：

$$l[i] = \max(l[i-1], a[i])$$

是不是和前缀和计算的递推式 pre[i]=pre[i-1]+a[i] 很像？

预处理数组 l 的部分代码如下：

```
l[1] = a[1];
for(i = 2;i <= n;i++){
    l[i] = max(l[i-1], a[i]);
}
```

按照相同的方法，从右向左求得第 n 个元素到第 i 个元素之间的最大值，将其存入 r[i]。最后一个位置 r[n] 即为 a[n]。从倒数第 2 个位置开始对比 a[i] 和 r[i+1] 的值，将较大的值存入 r[i]。

部分代码如下：

```
r[n] = a[n];
for(i = n-1;i >= 1;i--){
    r[i] = max(r[i+1], a[i]);
}
```

最后，枚举 n 个位置，求得每个位置左右两部分的差值，即 abs(l[i]-r[i+1])。找到所有差值中的最大值即可。

完整代码如下：

```
#include<iostream>
#include<cmath>
using namespace std;
//建立 3 个数组，分别为读入的原始数组 a
//从左向右的最大值数组 l，以及从右向左的最大值数组 r
long long a[2000005],l[2000005],r[2000005];

int main(){
    long long n,i,t,tmp;
    cin>>n;
    for(i=1;i<=n;i++){
        cin>>a[i];                      //依次输入 n 个元素
    }
    l[1]=a[1];                          //第 1 个元素为 l[1]
    for(i=2;i<=n;i++){                  //从第 2 个元素开始
        l[i]=max(a[i],l[i-1]);          //计算前缀和最大值 l[i]
    }
    r[n]=a[n];                          //最后一个元素为 r[n]
    for(i=n-1;i>=1;i--){                //从倒数第 2 个位置开始
        r[i]=max(r[i+1],a[i]);          //计算后缀和最大值 r[i]
    }
    t=0;                                //初始化最终的最大值
```

```
    for(i=1;i<n;i++){                    //枚举每一个位置左右两部分差值的绝对值
        tmp=abs(l[i]-r[i+1]);            //将绝对值存入变量 tmp 中
        if(tmp>t){                       //如果 tmp 大于当前的 t
            t=tmp;                       //将 t 更新为 tmp
        }
    }
    cout<<t;                             //输出 t
    return 0;
}
```

最后计算一下算法的复杂度。我们花费了 n 次循环计算了数组 1，花费了 n 次循环计算了数组 r，花费了 n 次循环枚举 m，总花费的计算量大概是 3×n，也就是计算量的数量级是 n 的一次函数，最终算法的复杂度是 $O(n)$，可以满足本题的数据规模。

1.5 动态数组

本节介绍 STL 中的动态数组 vector。它可以被看作可以自动调整长度的数组。

1.5.1 动态数组 vector

往常我们建立数组时，需要根据题目中的数据规模提前预估数组的最长长度。这样做会有两个弊端：第一，数组的长度一旦确立，其长度无法更改。第二，如果预估的长度过长，会导致空间上的浪费；反之，则会导致空间不足，访问的地址越界，造成重大错误。

vector 是 STL 提供的动态数组，其优点在于定义数组时不需要指定长度。在使用过程中，它可以动态调整内部容量的大小。这样可以省略估算数组长度的过程，还可以避免空间上的浪费。

1.5.2 STL 中的动态数组

vector 的使用方法类似于栈和队列。

要使用 STL 中的 vector，首先要引入头文件<vector>：

```
#include <vector>
```

接下来就要定义一个 vector 的变量：

```
vector<类型> 变量名;
```

尖括号里面填写 vector 的数据类型。例如，定义一个存储 int 类型变量的 vector，名称为 a，书写方式如下：

```
vector<int> a;
```

可以使用函数 push_back()，向 vector 末尾添加元素，例如，

```
a.push_back(42);              //向 vector 末尾添加元素 42,即 a[0]=42
a.push_back(5);               //向 vector 末尾元素 42 的后面再添加元素 5,即 a[1]=5
```

访问 vector 中某个位置的元素的语法与访问静态数组元素相同：

```
cout<<a[0]<<endl;            //输出动态数组 a 的 0 号元素，即输出 42
cout<<a[1]<<endl;            //输出动态数组 a 的 1 号元素，即输出 5
```

修改 vector 中某个位置的元素的语法与修改静态数组元素相同：

```
a[0]=9;                      //将动态数组 a 的 0 号元素改为 9，即 a[0]=9
a[1]=10;                     //将动态数组 a 的 1 号元素改为 10，即 a[1]=10
```

利用函数 size()可以获得当前 vector 的元素数量：

```
cout<<a.size()<<endl;        //输出动态数组 a 的元素数量
```

例如，依次将 *n* 个元素插入动态数组 a 中并反向输出。书写方式如下：

```cpp
#include<iostream>
#include<vector>
using namespace std;
int main(){
    vector<int> a;
    int x,n;
    cin>>n;
    for(int i=0;i<n;i++){
        cin>>x;
        a.push_back(x);
    }
    for(int i=a.size()-1;i>=0;i--){
        cout<<a[i]<<endl;
    }
    return 0;
}
```

1.5.3 vector 的缺点

vector 最主要的缺点是运行效率不高，比如分别向 vector 和静态数组添加相同数量的元素，vector 的程序运行速度相对较慢。当我们已知需要存储元素的数量时，优先选择静态数组，如果无法预估数量，则选择 vector。

另外，与栈和队列一样，如果能控制编译选项，则在编译时开启 O2 优化，vector 的运行速度也会"直线起飞"。目前各大比赛，如 CSP-J/S 和 NOIP，都会为选手的代码在编译时开启 O2 优化，所以在比赛中可以放心使用 vector，和静态数组的速度相差无几。

1.5.4 vector 与迭代器 iterator

上文的例子演示了如何使用 for 循环依次访问 vector 中的每个元素，另外 STL 中还提供了一种迭代器访问的语法。大家可以把迭代器理解成一个"智慧指针"，可以使用 vector 中的 bcgin()函数，取到一个指向 vector 中第一个元素的迭代器，该迭代器像指针一样，保存了 vector 中第一个元素的位置。在迭代器前面加一个星号，可以访问它指向的元素，并且每次当迭代器自增时，会自动指向下一个元素，直到所有元素访问完毕，它的值等于一个特殊的 end()函数的返回值。

文字的解释比较抽象，我们通过一个例子演示一下，代码如下：

```cpp
#include <iostream>
#include <vector>

using namespace std;

int main() {
    vector<int> v;
    v.push_back(5);
    v.push_back(42);
    v.push_back(1);
    for (vector<int>::iterator it = v.begin(); it != v.end(); ++it) {
        cout << *it << " ";
    }
    return 0;
}
```

程序中 3 次调用了 push_back()函数，将 3 个数字放入 vector。此时，通过一个循环输出 vector 内的所有元素。循环变量 it 的类型是 vector<int>::iterator，这个类型就是迭代器，其中的两个冒号代表 namespace，vector<int>代表 vector 的类型，合在一起的意思类似于"vector<int>里面的 iterator"（如果部分读者对于 C++语言的语法不熟悉，不太明白 namespace 的含义，可以参考 C++语言的语法书。在竞赛中，如果不是对语法特别感兴趣，这里也可以不深究，理解成"里面"的含义即可）。不同类型的迭代器，名字都叫 iterator，为了区分，在前面加上 vector<int>::，表示存储 int 类型元素的 vector 中的迭代器。如果 vector 里装的不是 int 类型的元素，而是其他类型的元素，可以对应替换成 vector<XXX>:: iterator，其中，XXX 表示 vector 中元素的类型。

v.begin()函数的返回值就是一个 vector<int>::iterator 类型的迭代器，它指向动态数组中的第一个元素，此时 it 的值就是该迭代器。在 for 循环的循环体内部，可以使用类似指针的语法，用*it 代表该迭代器指向的元素，于是可以输出 5。

接下来，++it 的语法类似于指针语法中的指向下一个元素。此时 it 就变成了指向下一个元素的迭代器，可以一直输出 vector 中的每个元素，直到 it 的值和 v.end()相等。

v.end()函数的返回值是 vector 中最后一个元素的下一个的位置，也就是一个不存在的"结束位置"，当 it 从最后一个元素位置继续自增时，it 的值就会等于 v.end()，循环结束。最终程序输出"5 42 1"。

大家可能会有一些疑惑，使用迭代器遍历 vector 中的元素，语法比直接使用数组的语法要麻烦得多，为什么不直接使用数组的语法呢？事实上，迭代器的作用不仅仅限于遍历 vector，下文我们会继续介绍 STL 中的其他容器，它们很多都可以使用迭代器进行遍历，但是却不能像 vector 一样使用数组的语法进行遍历。也就是说，vector 的数组语法对我们来说是一个方便的方法，但是迭代器的语法是一个通用的方法。

另外，如果要对 vector 中的元素进行排序，可以直接使用 sort()函数，把首尾迭代器传给 sort()函数即可，类似下面的例子：

```cpp
#include <iostream>
#include <vector>
#include <algorithm>

using namespace std;

int main() {
    vector<int> v;
    v.push_back(5);
    v.push_back(42);
    v.push_back(1);
    sort(v.begin(),v.end());//对 v 进行从小到大的排序
    for (vector<int>::iterator it = v.begin(); it != v.end(); ++it) {
        cout << *it << " ";
    }
    //程序输出结果是 1 5 42
    return 0;
}
```

1.5.5 vector 与 C++11

如果要参加各类算法竞赛，请在参赛前仔细阅读竞赛规则，尤其需要留意竞赛中使用的编程语言的版本。例如从 2021 年开始 NOI 系列竞赛，包括 NOI、NOIP、CSP-J/S 等，都默认支持 C++14 标准。上文介绍的迭代器的语法，是基于 C++98 标准的，事实上从 C++11 开始，编程语言层面出现了更多简化的语法。如果大家参加的算法竞赛支持 C++11、C++14、C++20 等比较新的标准，就可以在竞赛中使用下面介绍的新语法了。

例如，大家可能会觉得，上文的迭代器类型 vector<int>::iterator 实在是太长了，不好记，也不好写。C++11 中便引入了自动类型推导，当定义一个变量时，可以不声明变量的类型，而是用 auto 代替。编译器会自动根据上下文推导出这个变量的类型。这样，上文中用迭代器遍历 vector 的例子，可以改写如下：

```
#include <iostream>
#include <vector>

using namespace std;

int main() {
    vector<int> v;
    v.push_back(5);
    v.push_back(42);
    v.push_back(1);
    for (auto it = v.begin(); it != v.end(); ++it) {
        cout << *it << " ";
    }
    //程序输出结果是 5 42 1
    return 0;
}
```

程序中使用 auto 替代原来的 vector<int>::iterator，是不是简洁了很多呢？

事实上，还有更加简洁的语法——基于范围的循环。先看一个例子：

```
#include <iostream>
#include <vector>

using namespace std;

int main() {
    vector<int> v;
    v.push_back(5);
    v.push_back(42);
    v.push_back(1);
    //基于范围的循环，用 i 去遍历 v 里面的每个数，i 会依次等于 v 中保存的每个元素
    for (int i: v) {
        cout << i << " ";
    }
    //程序输出结果是 5 42 1
    return 0;
}
```

例子中的循环很容易理解，它的语法是，在循环的小括号里写一个冒号，冒号前面是循环变量，冒号后面是容器。用这个循环变量依次遍历容器中的每个数字，所以直接输出 i 就可以了。相当于第一次循环时 i 是 v[0]，第二次循环时 i 是 v[1]……以此类推，直到 v 中所有元素被访问完毕。循环的次数由 vector 控制，不需要人为判断。

另外请注意，当这段代码在本地计算机上编译运行时，有可能出现编译不通过的情况，这是因为不同的本地开发环境支持的 C++语言版本不同。上文介绍结构体时曾经提过，如果使用的是 Dev C++的早期版本，可能默认支持的是 C++98 这样旧版本的语言标准，需要额外配置一下才能编译 C++11 以上版本的代码，具体配置方法因工具而异。

1.5.6　vector 的实现原理

或许有人会有这样的疑问,为什么 vector 可以不限制存储的元素数量呢?其实,vector 的底层实现也是数组,所有元素都是连续存储的,并且数组的容量也是有限的。如果想知道 vector 内部数组的容量,可以使用 capacity()函数查询。上文提到过,可以使用 size()函数查到目前 vector 内部元素的个数。请注意区分,size()函数的返回值是目前真实存储的元素个数,而 capacity()是目前最多可以存储的元素个数,但是实际上可能还没有装满。一旦内部数组都装满了,还需要继续存储元素时,vector 就会新建一个更大的数组,把原有旧数组的元素复制到新数组里,再在新数组中存储下一个元素。这个新的更大数组的容量是原来的多少倍,在 C++标准中并没有规定,根据不同平台的具体实现而不同。以苹果笔记本电脑为例,每次扩容时,数组容量都会变成原来的两倍,实验结果如下:

```
#include <iostream>
#include <vector>

using namespace std;

int main() {
    vector<int> v;
    cout << "at the beginning, capacity is " << v.capacity() << endl;
    v.push_back(5);
```

```
    cout << "after inserting 5, capacity is " << v.capacity() << endl;
    v.push_back(42);
    cout << "after inserting 42, capacity is " << v.capacity() << endl;
    v.push_back(1);
    cout << "after inserting 1, capacity is " << v.capacity() << ", but size is
" << v.size() << endl;
    //程序的输出结果为
    //at the beginning, capacity is 0
    //after inserting 5, capacity is 1
    //after inserting 42, capacity is 2
    //after inserting 1, capacity is 4, but size is 3
    return 0;
}
```

从程序的输出结果中可以看到，一开始新建 v 时，它的容量是 0。当插入第一个元素 5 时，发生了动态扩容，容量变为 1。再插入 42 时，扩容为 2。再插入 1 后，容量变成 4，而此时 size=3。

动态扩容机制给我们提供了很多方便，而且这一扩容机制对于程序员来说是"透明"的，程序员并不需要关心它的存在。但是，动态扩容过程比较慢，尤其是在后期复制比较大的数组时，需要花很多时间。可以证明，按照这种方式（每次扩大两倍）扩容，算上复制数组的时间，每次 push_back() 的平均时间复杂度还是 $O(1)$，不过由于扩容操作需要时间，对于保存同样多的数据，vector 的运行速度还是比静态数组慢一些。

如何避免扩容情况出现呢？可以使用 vector 的 reserve () 函数，强制要求 vector 至少保留指定容量，在可以大概预估存储元素数量的情况下，通过调用一下 reserve () 函数，可以避免很多扩容操作，从而节约时间。示例代码如下：

```
#include <iostream>
#include <vector>

using namespace std;

int main() {
    vector<int> v;
    v.reserve(5);//强制扩容到5
    cout << "at the beginning, capacity is " << v.capacity() << endl;
    v.push_back(5);
    cout << "after inserting 5, capacity is " << v.capacity() << endl;
    v.push_back(42);
    cout << "after inserting 42, capacity is " << v.capacity() << endl;
    v.push_back(1);
    cout << "after inserting 42, capacity is " << v.capacity() << ", but size is
" << v.size() << endl;
    //程序的输出结果为
    //at the beginning, capacity is 5
    //after inserting 5, capacity is 5
    //after inserting 42, capacity is 5
```

```
//after inserting 1, capacity is 5, but size is 3
    return 0;
}
```

1.6 树

本节介绍树形数据结构。树形数据结构与上文介绍的线性数据结构不同，每个元素可能与多个其他元素之间均存在关系。树形结构可以帮助我们处理更复杂的非线性问题。

1.6.1 树的相关概念

树（Tree）是 n $(n \geq 0)$ 个结点的有限集合。树的递归定义如下：

● 0 个结点的集合是空树。

● 由若干个树和一个特殊点，用边连接在一起，组成的图也是树。这个特殊点叫作根结点（Root），以下简称根。其他的树称为子树（Subtree）。

上述定义比较抽象，形象化地来看，树的结构如图 1.41 所示。

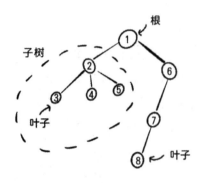

图 1.41 树的结构

每棵树最多只有一个根（空树没有根），通常情况下，我们把根画在最上方，子树依次向下延伸。接下来定义树上的其他概念：

（1）结点：树上的每一个点，称为结点。根也是结点。结点和结点之间相连的线段叫作边。我们定义有边相连的两个结点相邻。相邻的两个结点，距离根结点近的叫作父结点，另一个叫作子结点。一个点的父结点，也称为这个点的父亲，根没有父亲，其他每个结点的父亲是唯一的。一个点的子节点，也叫作这个点的孩子。一个点的孩子不一定是唯一的，也可能没有。没有孩子的结点，叫作叶子结点，简称叶子。在图 1.41 中，3 号结点的父亲是 2 号结点。2 号结点的孩子是 3 号、4 号和 5 号结点。3 号、4 号、5 号、8 号结点都是叶子。

（2）度（Degree）：一个结点的子结点的个数，称为这个结点的度。叶子结点的度为0。

（3）路径（Path）：对于树上任意两个结点 p_1 和 p_n，都可以找到一个序列 $(p_1, p_2, ..., p_n)$，使得对于任意 $i \in [1, n-1]$，都有 p_i 和 p_{i+1} 相邻，那么我们称这个序列为一条连接 p_1 和 p_n 的路径。我们要求路径不能经过重复的结点。可以证明，树上任意两个结点之间的路径是唯一的。路径的长度定义为路径上结点的个数减 1，也就是经过的边的条数。图 1.41 中 2 号结点到 7 号结点之间的路径经过 2 号、1 号、6 号和 7 号结点，路径的长度是 3。

（4）距离：树上两个结点之间路径的长度，称为这两个结点之间的距离。

（5）高度：每个结点到它相距最远的叶子结点之间的路径上结点的个数，称为这个结点的高度。请注意这里的叶子结点指的是往孩子方向走的叶子结点，即只往下走，不往父亲方向走。根结点的高度定义为这棵树的高度。叶子结点的高度为 1。另外，在一些文献中，也把高度定义为"每个结点到它相距最远的叶子结点之间的距离"，在这种定义方式下，每个结点的高度比我们的定义方式少 1。

（6）深度：每个结点到根结点的路径上结点的个数，称为这个结点的深度。根的深度为 1。一棵树上深度最深的结点的深度，定义为这棵树的深度。在一些文献中，也有把深度定义为每个结点到根结点的距离。如果这样定义，每个结点的深度比我们的定义方式少 1。

（7）森林：树的集合定义为森林。若森林中树的数量是 0，称为空森林。

有根树与无根树

上文所有的定义针对的都是有根树，即树上指定某个特殊点为根。事实上，在一些情况下，一棵树的根选择谁都可以，树上一些性质是不变的。在这种情况下，我们往往可以随意选择一个点作为根，而不是特殊指定。这样的树，叫作无根树。

对于无根树，度的定义是一个结点相邻的结点的个数，而不是孩子的个数，因为选择的根不同，父子关系不确定。叶子的定义是度为 1 的结点。

1.6.2 树的性质

结点和边的集合，叫作图。可以看到，树也是图。

如果图上任意两点之间都有路径相连，我们称这张图为连通图。可以看到，树是连通图。

如果在一张图上，任意两个结点之间的路径最多只有一条，我们称这张图为无环图。可以看到，树是无环图。

以上 3 条性质可以总结成一条：树是无环的连通图。这条性质非常重要，它向我们明确了，树是一种很特殊的图，所以树上有很多一般的图所没有的性质。

上述性质还有一条推论：若一棵树的结点数量为 n，则树上边的数量为 $n-1$。如果再加一条边，树上就会出现环。如果减少一条边，树就不能保证连通。

1.6.3 特殊的树——二叉树

一棵树，如果它的任意一个结点都最多只有两个孩子，它就是一棵二叉树。它的孩子需要规定方向，靠左的叫左孩子，靠右的叫右孩子。

在图 1.42 中有 5 棵树，除了最右边的以外，均为二叉树。

有两种特殊的二叉树：满二叉树和完全二叉树。

（1）满二叉树：除最后一层都是叶子结点以外，其余每层的每一个结点都有两个子结点，这样的二叉树叫作满二叉树，如图 1.43 所示。

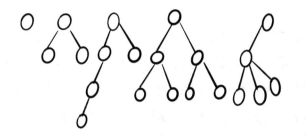

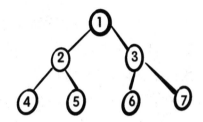

图 1.42　二叉树　　　　　　　　　　图 1.43　满二叉树

（2）完全二叉树：除最后一层外，其他各层的结点均满，并且要求最后一层的叶子节点必须按照从左向右的顺序排列，中间不能有空位（见图 1.44）。满二叉树也是完全二叉树。图 1.43 中的满二叉树去掉 7 号结点，或者去掉 6 号结点和 7 号结点，又或者去掉 5～7 号 3 个结点，也都是完全二叉树。但是如果仅仅去掉 6 号结点，就不是完全二叉树了。

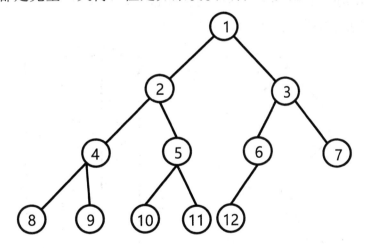

图 1.44　完全二叉树

1.6.4 完全二叉树的性质

完全二叉树是特殊的二叉树，它具有很多特殊的性质。

可以非常直观地发现，若想使当前第 i 层的结点数量达到最大，那么第一层结点是根结点，数量是 1；第二层的结点数量是 2；第三层的结点数量是 4；第四层的结点数量是 8……以此类推，下一层是上一层结点数量的 2 倍。

第一条性质：第 i 层的结点数量最多是 2^{i-1} 个。

一个 n 层的完全二叉树，要想获得最多的结点个数 s，那么最后一层一定是满的。将 $1\sim n$ 层的所有结点相加，得到公式：$s-2^0+2^1+2^2+\cdots+2^{n-1}=2^n\ 1$。

第二条性质：n 层的完全二叉树，最多有 2^n-1 个结点。

1.6.5　树的存储方式

完全二叉树可以用一维数组很方便地存储。

从树根开始，将根结点存放在数组 a[1]位置上，由上至下，由左向右依次填入数组的每个位置。图 1.44 中每个结点内标记的数字，就是这个结点在数组里的下标。

在数组中如何找出结点之间的关系呢？或者说如何准确地访问某一个结点 k 所对应的父结点和子结点呢？认真观察图 1.44，其实它们的关系就隐藏在数组下标中，结点 a[k]的父结点是 a[k/2]，左孩子和右孩子分别是 a[2*k]、a[2*k+1]。注意，这里的除是向下取整，例如，4/2 等于 2，5/2 也等于 2。

对于不是完全二叉树的普通二叉树，可以用结构体数组来存储。

需要建立一个结构体 Node，包含 3 个字段 val、left、right。其中，val 代表树上每个点存储的值。创建一个结构体数组 a，其中每一个元素都是树上的一个结点，每个结点的 a[i].left、a[i].right 分别代表其左孩子与右孩子在数组里的下标，用-1 表示没有这个孩子，结构体数组存储普通二叉树如图 1.45 所示。

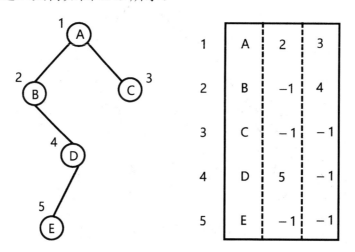

图 1.45　结构体数组存储普通二叉树

树根存储在数组的 1 号位置，左孩子在 2 号位置，右孩子在 3 号位置。2 号位置存储的是 B 结点，它没有左孩子，右孩子在 4 号位置……

如果不是二叉树，而是一棵普通的多叉树，该如何存储呢？一个容易想到的办法就是用二维数组存储多叉树。建立二维数组 adj，adj[i][j]存储结点 i 的第 j 个孩子的编号。由于多叉树中每个结点的子节点数量不同，无法预估每个结点的度，所以该二维数组列的长度无法确定，如果以最多的子结点数量为准，则会浪费很多不必要的空间。

我们可以使用上文介绍的 STL 中的 vector 解决空间浪费的问题。创建一个数组 adj，其内部的每一个元素 adj[i]是一个 vector，用来存储多叉树 i 号结点的孩子编号。这样我们无须预估每个结点的孩子数量，无论当前结点的孩子数量是多少，如果 i 号结点要新增一个孩子 v，都可以直接使用函数 adj[i].push_back(v)进行添加。多叉树的存储如图 1.46 所示。

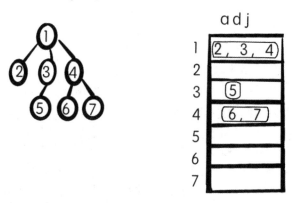

图 1.46　多叉树的存储

例 1-11

题目名字：T112067 二叉树。

题目描述：

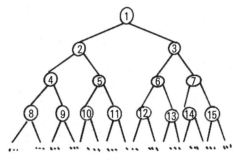

上图中，由正整数 1, 2, 3…组成了一棵无限大的二叉树。从某一个结点到根结点（编号是 1 的结点）都有一条唯一的路径，例如，从 10 到根结点的路径是(10, 5, 2, 1)，从 4 到根结点的路径是(4, 2, 1)，从根结点 1 到根结点的路径上只包含一个结点 1，因此路径就是(1)。对于两个结点 x 和 y，假设它们到根结点的路径分别是$(x_1, x_2, \cdots, 1)$和$(y_1, y_2, \cdots, 1)$，显然，$x = x_1$，$y = y_1$。那么必然存在两个正整数 i 和 j，使得从 x_i 和 y_j 开始，有 $x_i = y_j$，$x_{i+1} = y_{j+1}$，$x_{i+2} = y_{j+2}$…现在的问题就是，给定 x 和 y，求得 x_i（也就是 y_j）。

输入格式：

输入只有一行，包括两个正整数 x 和 y，这两个正整数都不大于1000。

输出格式：

输出只有一个正整数 x_i。

输入样例：

10 4

输出样例：

2

 思路分析：

此例题属于求最近公共祖先（LCA）问题的简化版。题目的含义可以理解为，从图中任意取两个结点 x 和 y，沿着边向根结点出发，会产生两条路径。这两条路径最终会相交于根结点；或者在某一个结点相交，之后的路径是重合的。所求的 x_i 即为第一次重合的结点。

首先建立一个动态数组 v，用于存放 x 回到根结点的路径上的结点。

然后将 x 的值存入动态数组 v，找到 x 的父结点 $x=x/2$，存入动态数组 v，直到到达根结点的父亲（$x=0$）为止，这个动态数组 v 就成功记录了结点 x 到达根结点的路径。

在数组中查找是否存在 y，如果存在，则说明 y 是这条路径上的一点，输出 y 即可；如果没有找到，则按相同的方法，将 $y/2$ 赋值给 y，继续查找。

完整代码如下：

```cpp
#include<iostream>
#include <vector>                     //引入 vector
using namespace std;
int main() {
    int x, y;
    vector<int> v;
    cin >>x>>y;
    while (x > 0) {
        v.push_back(x);               //将 x 的值存入动态数组 v
        x /= 2;                       //找到 x 的父结点
    }
    while (y > 0) {
        for (int i = 0; i < v.size(); ++i) {//从 v 的 0 号位置到最后一个位置
            if (y == v[i]) {          //如果 v 中有元素等于 y
                cout << y << endl;    //输出 y
                return 0;             //程序结束
            }
        }
        y /= 2;                       //如果没有找到，则继续查找 y 的父结点
    }
```

```
    return 0;
}
```

1.6.6　树的遍历

遍历是指按照一定顺序，逐一访问数据结构中的每一个元素。

树的遍历分为深度优先遍历（DFS）和宽度优先遍历（BFS）两种，深度优先遍历又包含先序遍历（Pre Order，也叫前序遍历、先根遍历）、中序遍历（In Order，也叫中根遍历）和后序遍历（Post Order，也叫后根遍历）3 种。

1. 先序遍历

若二叉树不为空，则先访问根，然后先序遍历左子树，最后先序遍历右子树。请注意，先序遍历的概念是递归的。当遍历一个结点的左子树时，要先访问子树的根，再递归访问子树的左、右孩子。当某一结点被访问过后，输出该结点。

以图 1.47 所示的树为例。

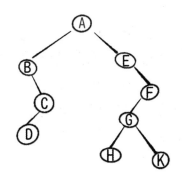

图 1.47　树的遍历

二叉树的先序遍历过程如下（见图 1.48）。

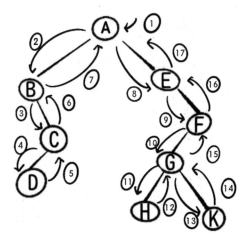

图 1.48　二叉树的先序遍历过程

（1）访问整棵树的根结点 A，输出 A。

（2）A 的左孩子不为空，开始遍历 A 的左子树。A 的左子树是以 B 为根的子树，这时候按照先序遍历的规则，先输出根，再访问 B 的左、右孩子。输出 B。

（3）接下来访问 B 的左子树。B 的左孩子为空，无须访问。B 的右孩子不为空，开始访问以 C 为根的子树，同理，输出 C。

（4）C 的左孩子不为空，继续访问 C 的左子树（以 D 为根的子树），输出 D。

（5）C 的左子树访问结束，回到结点 C。

（6）C 的右孩子为空，无须继续访问。以 C 为根的子树遍历完成，返回结点 B。

（7）此时，B 的左、右子树遍历完成，返回 B 的父结点 A。

（8）上述步骤完成了 A 的左子树遍历，继续访问 A 的右子树，即访问以 E 为根的子树，输出 E。

（9）由于 E 的左孩子为空，直接访问 E 的右子树，即以 F 为根的子树，输出 F。

（10）F 的左孩子不为空，它是以 G 为根的子树，输出 G。

（11）G 的左子树是以 H 为根的子树，输出 H。

（12）G 的左子树访问结束，回到结点 G。

（13）G 的右孩子为 K，输出 K。

（14）G 的右子树访问结束，回到结点 G。

（15）以 G 为根的子树先序遍历完成，回到其父结点 F。

（16）以 F 为根的子树先序遍历完成，回到其父结点 E。

（17）以 E 为根的子树先序遍历完成，回到其父结点 A。整体遍历完成。

先序遍历结果为 ABCDEFGHK。

2. 中序遍历

若二叉树不为空，则先中序遍历左子树，然后访问根，最后中序遍历右子树。二叉树的中序遍历过程如下（见图 1.49）。

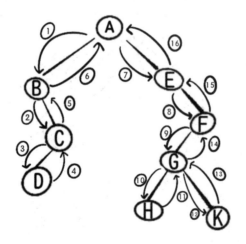

图 1.49　二叉树的中序遍历过程

（1）从根结点 A 开始，A 的左孩子不为空，遍历以 B 为根的子树。B 的左孩子为空，不需要遍历左子树，输出 B。

（2）B 的右孩子不为空，开始遍历以 C 为根的子树。

（3）C 的左子树是以 D 为根的子树，D 没有左子树，输出 D。

（4）D 的右孩子为空，返回 D 的父结点 C，输出 C。

（5）C 的右孩子为空，返回 C 的父结点 B。

（6）此时，A 的左子树已遍历完成，输出 A。整棵树的左子树及根的遍历均已完成。

（7）开始遍历 A 的右子树，即以 E 为根的子树，E 没有左子树，直接输出 E。

（8）E 的右子树是以 F 为根的子树，递归进入 F。

（9）F 的左孩子不为空，继续访问 F 的左子树（以 G 为根的子树）。

（10）G 的左孩子不为空，继续访问以 H 为根的子树。由于 H 没有左子树，输出 H。

（11）H 也没有右子树，以 H 为根的子树遍历完成，返回 H 的父结点 G，输出 G。

（12）G 的右孩子是 K，K 的左孩子为空，无须遍历，直接输出 K。

（13）K 的右孩子也为空，K 的遍历完成，返回其父结点 G。

（14）以 G 为根的子树，即 F 的左子树遍历完成，输出 F。

（15）F 的右孩子为空，以 F 为根的子树中序遍历完成，回到 F 的父结点 E。

（16）以 E 为根的子树中序遍历完成，回到其父结点 A。整体遍历完成。

中序遍历结果为 BDCAEHGKF。

3. 后序遍历

若二叉树不为空，则先后序遍历左子树，然后后序遍历右子树，最后访问根。二叉树的后序遍历过程如下（见图 1.50）。

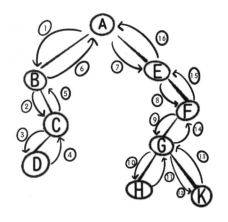

图 1.50 二叉树的后序遍历过程

（1）从根结点 A 开始，A 的左子树不为空，遍历以 B 为根的子树。

（2）B 的左孩子为空，无须遍历。B 的右孩子不为空，深入访问以 C 为根的子树。

（3）C 的左孩子不为空，访问 C 的左孩子 D。D 的左孩子和右孩子均为空，输出 D。

（4）D 的后序遍历完成，即 C 的左子树遍历完成，由于 C 的右孩子为空，直接输出 C。

（5）以 C 为根的子树已遍历完成，回到 C 的父结点 B。B 的左、右子树均已遍历完成，输出 B。

（6）以 B 为根的树，即 A 的左子树遍历完成。回到 B 的父结点 A。

（7）开始访问 A 的右子树（以 E 为根的子树）。

（8）E 的左孩子为空，直接访问 E 的右子树（以 F 为根的子树）。

（9）F 的左孩子不为空，访问 F 的左子树（以 G 为根的子树）。

（10）G 的左孩子不为空，访问 G 的左子树（以 H 为根的子树）。H 的左孩子和右孩子都为空，直接输出 H。

（11）H 的后序遍历结束，即 G 的左子树遍历完成，回到根结点 G。

（12）继续访问 G 的右子树（以 K 为根的子树），K 的左孩子和右孩子都为空，直接输出 K。

（13）此时，G 的左、右子树均已遍历完成，返回结点 G，并输出 G。

（14）以 G 为根的子树，即 F 的左子树遍历完成。回到 G 的父结点 F。F 的右孩子为空，无须遍历，输出 F。

（15）以 F 为根的子树，即 E 的右子树遍历完成，输出 E。

（16）以 E 为根的子树，即 A 的右子树遍历完成，返回并输出 A。整体遍历完成。

后序遍历结果为 DCBHKGFEA。

以上对 3 种深度优先遍历的方式各自举了一个例子进行介绍，这个过程确实很复杂。有一个小技巧能够帮助记忆：先序、中序、后序里的"先""中""后"指的都是根，先序遍历就是先访问一棵树的根，再访问左子树、右子树；中序遍历就是把根放中间，按照左子树、根、右子树的顺序访问；而后续遍历就是把根放最后，按照左子树、右子树、根的顺序访问。

这么复杂的过程，写程序会不会也非常困难呢？恰恰相反，深度优先遍历的程序是非常简单的，例如，进行先序遍历，我们只需要先输出这个树的根结点，然后递归调用左子树，最后递归调用右子树即可。因为在递归调用左子树的过程中，左子树自然会被先序遍历输出，再递归调用右子树，右子树自然也会被先序遍历输出。

完整代码如下：

```cpp
#include<iostream>
using namespace std;
struct Node{
    int left,right;
    char val;
};
Node tree[30];
void preOrder(int r){
    if(r==0) return;
    cout<<tree[r].val;
    preOrder(tree[r].left);
    preOrder(tree[r].right);
```

```
}
int main(){
    int n,i;
    cin>>n;
    for(i=1;i<=n;i++){
        cin>>tree[i].val>>tree[i].left>>tree[i].right;
    }
    preOrder(1);
    return 0;
}
```

中序遍历、后序遍历的方法与先序遍历基本一致，只是递归顺序有所不同。

中序遍历是先递归调用根结点的左子树，然后输出根，最后调用根结点的右子树。部分代码如下：

```
void inOrder(int r){
    if(r==0) return;
    inOrder(tree[r].left);
    cout<<tree[r].val;
    inOrder(tree[r].right);
}
```

后序遍历是先递归调用根结点的左子树，然后递归调用根结点的右子树，最后输出根。部分代码如下：

```
void postOrder(int r){
    if(r==0) return;
    postOrder(tree[r].left);
    postOrder(tree[r].right);
    cout<<tree[r].val;
}
```

看一个例题：

例 1-12

题目名字：T112246 二叉树基本操作。

题目描述：

编程实现：通过键盘输入字符串 s，用先序遍历建立二叉树，输出该二叉树的中序遍历序列、后序遍历序列、叶子数和高度。

输入时，#代表空。

例如，若输入 AB#D##CE###，则建立的二叉树如下图所示。

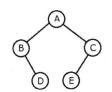

输入格式：

1 行。例如，AB#D##CE###。

输出格式：

4 行。第 1 行：中序遍历。第 2 行：后序遍历。第 3 行：叶子数。第 4 行：二叉树的高度。

输入样例：

AB#D##CE###

输出样例：

BDAEC

DBECA

2

3

说明/提示：

应用递归思想，二叉树的叶子数等于根结点左子树叶子数与根结点右子树叶子数之和；二叉树的高度等于根结点左子树高度与根结点右子树高度的最大值加 1。

 思路分析：

读入字符串 s，应用递归思想，构建出一棵树，这棵树不一定是完全二叉树，但是我们可以将它看作一棵完全二叉树，对于缺失的某些结点，在树上对应位置留空即可。这样做的缺点是会浪费很多空间，但是优点是比较好实现。

我们用输入的字符串还原这棵二叉树，如图 1.51 所示，每个结点在数组里面的下标标记在结点外面。其实这棵树并不是完全二叉树，例如，4 号结点不存在，8 号和 9 号结点也不存在，但是我们让所有不存在的点也在数组里面占位（用#标记），虽然浪费了一些空间，却给程序编写带来了很多便利。

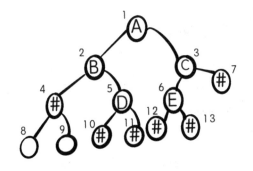

图 1.51　用字符串还原二叉树

这棵树如何构建出来呢？我们可以按照先序遍历的步骤，从字符串 s 的第一个字符开始，依次将这些字符赋值给访问到的树的每一个结点。因为字符串 s 的下一个字符变化是每次加 1，与其赋值对应的树结点编号并不一致，所以需要两个变量来分别记录它们对应的下标位置，变量 pos（字符串 s 的下标）初始化为 0，代表字符串 s 的第一个字符；变量 r 初始化为 1，代表树的根结点在数组中的下标（当前结点编号）。

每次树结点 tree[r]赋值后，字符串 s 的下标 pos 要自增 1，pos 更新后，s[pos]即为下一个结点对应的字符。同时需要判断当前结点 tree[r]是否为#，如果不是，则继续递归处理它的左、右子树；如果是，则返回 tree[r]的父结点 tree[r/2]。直到将字符串 s 的所有字符全部读完。

以输入样例为例，演示一下建树的过程。先序遍历是 AB#D##CE###，pos 开始指向第一个字符 A，r 一开始指向树根，即二叉树的 1 号位置。如图 1.52 所示。

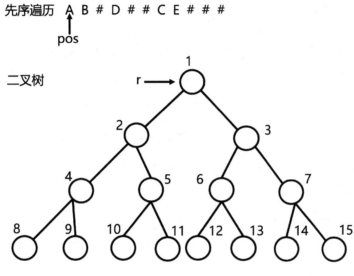

图 1.52　根据先序遍历建树（1）

将 A 写入 tree[1]位置，并把 pos 加 1，将 r 移动到当前位置的左孩子处，即 2 号位置，如图 1.53 所示。

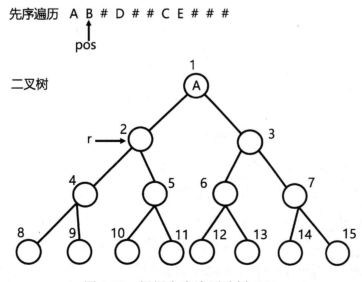

图 1.53　根据先序遍历建树（2）

把当前 pos 指向的 B 写入 tree[r]位置，并把 pos 加 1。按照先序遍历的步骤，r 要继续移动到左孩子处，即 4 号位置，如图 1.54 所示。

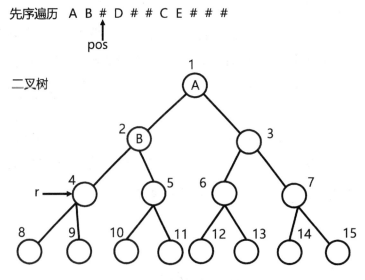

图 1.54　根据先序遍历建树（3）

把当前 pos 指向的#写入 tree[r]位置，并把 pos 加 1。因为当前位置表示的是不存在的#，所以 2 号位置的左孩子访问结束，按照先序遍历的步骤，r 移动到 2 号位置的右孩子处，即 5 号位置，如图 1.55 所示。

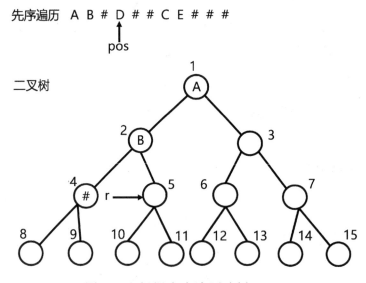

图 1.55　根据先序遍历建树（4）

把当前 pos 指向的 D 写入 tree[r]位置，并把 pos 加 1。按照先序遍历的步骤，r 要继续移动到左孩子处，即 10 号位置，如图 1.56 所示。

接下来按照相同的方法，完成先序遍历全过程，整棵树就填满了，这里不再赘述。通过上述演示，相信大家已经理解了根据先序遍历建树的过程，它的核心思想就是两个指针同步移动，将先序遍历对应的字符写回树的对应位置。

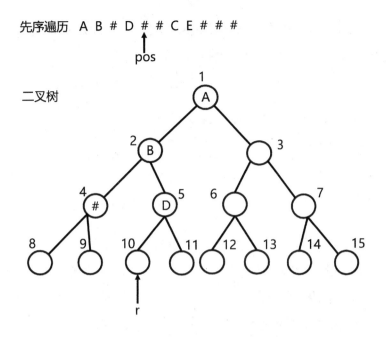

先序遍历 A B # D # # C E # # #

pos

二叉树

图 1.56 根据先序遍历建树（5）

根据上述思路，构建二叉树的 buildTree()函数定义如下：

```
void buildTree(int r) {              //构建二叉树(r 代表当前结点编号)
    tree[r] = s[pos++];              //将字符串 pos 位置的字符赋值给 r 的位置
    if (tree[r] != '#') {            //如果当前结点 tree[r]不是#
        buildTree(2 * r);           //继续递归构建右子树
        buildTree(2 * r + 1);       //继续递归构建左子树
    }
}
```

二叉树已经构建好，接下来只需要再次应用递归，输出中序遍历和后序遍历即可。部分代码如下：

```
void inOrder(int r) {                //中序遍历
    if (tree[r] == '#') return;      //如果结点是#，返回父结点
    inOrder(r * 2);                  //继续递归左子树
    cout << tree[r];                 //输出当前根结点
    inOrder(r * 2 + 1);              //继续递归右子树
}

void postOrder(int r) {              //后序遍历
    if (tree[r] == '#') return;      //如果结点是#，返回父结点
    postOrder(r * 2);                //继续递归左子树
    postOrder(r * 2 + 1);            //继续递归右子树
    cout << tree[r];                 //输出当前根结点
}
```

统计这棵树的叶子结点数量，有两种方法。

第一种方法，需要在全局定义一个变量 ans，代表叶子数量，初始化为 0。容易发现一个特征，二叉树叶子结点的左、右孩子都是#。换句话说，我们可以遍历所有结点。如果某

一结点的左、右孩子都是#，则说明该节点是叶子结点。凡是遇到这样的结点，叶子数量 ans 加 1。部分代码如下：

```
void leaf(int x){
    if(tree[x]=='#') return;
    if(tree[x*2]=='#'&&tree[x*2+1]=='#') {
        ans++;return;
    }
    leaf(x*2);
    leaf(x*2+1);
}
```

第二种方法，题目中提示："二叉树的叶子数等于根结点左子树叶子数与根结点右子树叶子数之和。"我们访问每一个结点的左子树与右子树，如果某一结点是#，则说明该结点的叶子数为 0，返回 0；如果某一结点的左、右孩子均为#，则说明该节点是叶子结点，向父结点返回 1；如果该结点不是叶子结点，返回左子树的叶子数与右子树的叶子数之和。

部分代码如下：

```
int leaf(int r) {
    if (tree[r] == '#') return 0;
    if (tree[r * 2] == '#' && tree[r * 2 + 1] == '#') return 1;
    return leaf(r * 2) + leaf(r * 2 + 1);
}
```

程序第 4 行要求输出二叉树的高度，题目中提示："二叉树的高度等于根结点左子树高度与根结点右子树高度的最大值加 1。"我们按照相同的递归方法，访问每一个结点的左子树和右子树，如果某一结点是#，说明它不是树的一部分，返回 0；如果该结点的左、右孩子都是#，说明该结点是叶子结点，其高度是 1，返回 1；以上两种情况都不符合的结点，直接返回左、右子树的最大值加 1。

部分代码如下：

```
int height(int r) {
    if (tree[r] == '#') return 0;
    if (tree[r * 2] == '#' && tree[r * 2 + 1] == '#') return 1;
    return max(height(2 * r), height(2 * r + 1)) + 1;
}
```

完整代码如下：

```
#include <iostream>
#include <cstring>

using namespace std;
const int MAXN = 1000000;
int n, pos;
char s[MAXN], tree[MAXN];
```

```
void buildTree(int r) {
    tree[r] = s[pos++];
    if (tree[r] != '#') {
        buildTree(2 * r);
        buildTree(2 * r + 1);
    }
}

void inOrder(int r) {
    if (tree[r] == '#') return;
    inOrder(r * 2);
    cout << tree[r];
    inOrder(r * 2 + 1);
}

void postOrder(int r) {
    if (tree[r] == '#') return;
    postOrder(r * 2);
    postOrder(r * 2 + 1);
    cout << tree[r];
}

int leaf(int r) {
    if (tree[r] == '#') return 0;
    if (tree[r * 2] == '#' && tree[r * 2 + 1] == '#') return 1;
    return leaf(r * 2) + leaf(r * 2 + 1);
}

int height(int r) {
    if (tree[r] == '#') return 0;
    if (tree[r * 2] == '#' && tree[r * 2 + 1] == '#') return 1;
    return max(height(2 * r), height(2 * r + 1)) + 1;
}

int main() {
    cin >> s;
    n = strlen(s);
    buildTree(1);
    inOrder(1);
    cout << endl;
    postOrder(1);
    cout << endl;
    cout << leaf(1) << endl;
    cout << height(1) << endl;
    return 0;
}
```

1.6.7　知二求一

如果已知一棵二叉树的先序遍历和中序遍历，就可以确定这棵树的各个结点位置，从而求出其后序遍历；当然如果已知二叉树的中序遍历和后序遍历，同样也可以求出其先序遍历；但如果只获知二叉树的先序遍历和后序遍历，我们是无法确定这棵树的。这种根据 3 种遍历中的 2 种，去求第 3 种的算法，叫作知二求一。

假设已知先序遍历和中序遍历，分析求后序遍历的方法。

从先序遍历的过程中可以看出，输出的第一个结点一定是整棵树的根。在先序遍历确定了根之后，就可以在中序遍历中找到它的位置。由于中序遍历的输出顺序是先左子树，然后是根，最后是右子树，所以根的两边分别为整棵树的左、右子树。

按照这个思路，我们先看中序遍历里根前面的左子树，这时可以得到左子树的中序遍历和结点个数（size）。在先序遍历中，从根向后数 size 个元素，即为这棵左子树的先序遍历。那么问题就转换成，已知左子树的先序遍历和中序遍历，要求还原左子树，持续递归，直至某段结点数量为 1，递归结束。

接下来，使用同样的方法处理右子树即可。

通过一个例子演示一下。已知一个二叉树的先序遍历为 FBACDEGH，中序遍历为 ABDCEFGH，求其后续遍历。

（1）先序遍历中的第一个结点是 F，说明 F 是根结点。从中序遍历中找到 F，这样 F 前面的 ABDCE 是左子树的中序遍历，而 GH 是右子树的中序遍历。另外，已知左子树里有 5 个点，从先序遍历的 F 后面找 5 个点，可以得到左子树的先序遍历是 BACDE，剩下的 GH 即为左子树的后序遍历（见图 1.57）。

图 1.57　求后序遍历的第一步

（2）再看左子树，根据它的先序遍历 BACDE，我们发现 B 是这棵子树的根结点。结合中序遍历 ABDCE，B 的左、右子树又可以细分为 A 和 DCE。B 的左子树只有一个字母说明 A 一定是 B 的左孩子，如图 1.58 所示。

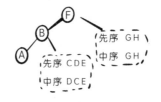

图 1.58　求后序遍历的第二步

（3）继续分析 B 的右子树部分，其先序遍历是 CDE，中序遍历是 DCE，容易发现 C 是 B 的右子树的根。C 又将 DE 分开，说明 DE 是 C 的左右孩子，如图 1.59 所示。

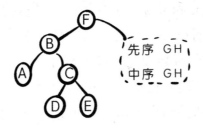

图 1.59　求后序遍历的第三步

（4）F 的左子树部分分析完成，再看 F 的右子树，其先序遍历是 GH，中序遍历也是 GH。说明 G 是 F 的右孩子，H 又在 G 的后面，说明 H 是 G 的右孩子。这棵二叉树的结构如图 1.60 所示。

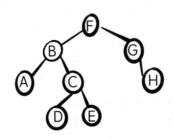

图 1.60　这棵二叉树的结构

（5）最终得到这棵二叉树的后序遍历结果为 ADECBHGF。

接下来看一个例题：

例 1-13

题目名字：P1030 求先序遍历。

题目描述：

给出一棵二叉树的中序遍历与后序遍历，求出它的先序遍历（约定树结点用不同的大写字母表示，长度≤8）。

输入格式：

2 行，均为大写字母组成的字符串，表示一棵二叉树的中序遍历与后序遍历。

输出格式：

1 行，表示一棵二叉树的先序遍历。

输入样例：

BADC

BDCA

输出样例：

ABCD

思路分析：

首先需要读入两个字符串 in 和 pos，分别表示二叉树的中序遍历和后序遍历。然后求出当前字符串的长度 size，若 size>0，说明当前的树不为空。我们知道，后续遍历中最后一个字符一定是根结点 root，即 root=post.size[size-1]。

因为是求先序遍历，所以先输出根结点 root。

由于需要在中序遍历中找到根结点 root，所以定义一个整型变量 index，用来存放根结点 root 在中序遍历中的位置。

其次递归调用中序遍历中的左子树和后序遍历中的左子树。

最后再递归调用中序遍历中的右子树和后序遍历中的右子树即可。

完整代码如下：

```cpp
#include <iostream>
#include <string>

using namespace std;

void pre_order(string in, string post) {
    int size = in.size();
    if (size > 0) {
        char root = post[size - 1];
        cout << root;
        int index = in.find(root);
        pre_order(in.substr(0, index), post.substr(0, index));
        pre_order(in.substr(index + 1), post.substr(index, size - index - 1));
    }
}

int main() {
    string in, post;
    cin >> in >> post;
    pre_order(in, post);
    return 0;
}
```

1.6.8 树的宽度优先遍历

宽度优先遍历，就是按照层的顺序，从上至下，从左至右依次访问树上的每个结点。

例如，图 1.61 中的结点，按照宽度优先遍历，依次输出的结果就是 1 到 15 的数字。宽度优先遍历的算法比较简单。可以定义一个队列 queue，先把根放到队列里面，只要队列不空，便从队头中拿出来一个结点并且输出，再让这个结点的孩子们进队，如果没有孩子就不用进队。这样一直循环，直到队列为空。

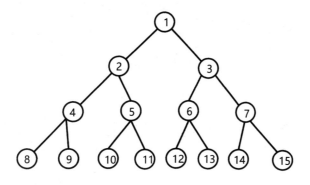

图 1.61　树的宽度优先遍历

1.7　本章习题

（1）栈：

  B3614　【模板】栈

  P1449　后缀表达式

（2）队列：

  P1143　进制转换

  P1996　约瑟夫问题

（3）前缀和：

  B3645　数列前缀和 2

  P1165　日志分析

（4）二叉树：

  P1305　新二叉树

  P1087 FBI 树

第2章

基础算法

2.1 贪心算法

贪心算法是一种比较简单的处理多步决策问题的方法。

2.1.1 贪心算法的概念

最优化问题是指，在给定的限制条件下，寻找一个方案，使得目标结果尽可能最优。举一个例子，小博想从他在北京的家出发，去杭州西湖旅行。在这个过程中可能有多种不同的旅行方案，如何选择一个最省钱的方案呢。

很多最优化问题，都可以看成多步决策问题，即把解决问题的过程分成若干步，每一步有若干种决策方案。在每一步做出一个决策，最终解决整个问题。

还是以刚才的问题为例，我们可以把从家到杭州西湖的旅途分成 3 个阶段：

（1）从家到北京火车站。

（2）从北京火车站到杭州火车站。

（3）从杭州火车站到杭州西湖。

具体交通方案及成本如图 2.1 所示。

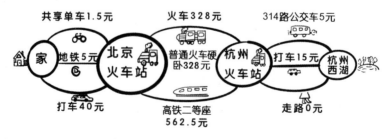

图 2.1　从家到杭州西湖的交通方案及成本

第一个阶段，从家到北京火车站，有 3 种不同方案，分别是：骑共享单车，花费 1.5 元；乘坐地铁，花费 5 元；打车，花费 40 元（这里假设北京只有一个火车站）。

第二个阶段，从北京火车站到杭州火车站，有 2 种不同方案，分别是：高铁二等座，花费 562.5 元；普通火车硬卧，花费 328 元。

第三个阶段，从杭州火车站到杭州西湖，有 3 种不同方案，分别是：314 路公交车，花费 5 元；打车，花费 15 元；走路，花费 0 元。

对于这一多步决策问题，我们采取贪心策略，既然想要总的花费最小，那么每一步决策都采取最便宜的方案，最后得到的结果也就是全局的最优解了。所以我们选择骑共享单车去北京火车站，坐普通火车去杭州火车站，走路去西湖，总的花费是 1.5 元+328 元=329.5 元。

事实上，贪心策略不一定永远是最优的。比如在刚才的例子中，如果因为我们选择骑共享单车去北京火车站，花费过多时间而错过了普通火车，就只能高价购买高铁票了。而且因为骑车太累了，实在是没有力气再走路去西湖，只能打车去西湖。这样总的花费会变成 1.5 元+562.5 元+15 元=579 元，反而不如第一步坐地铁划算。在算法竞赛中，如果要使用贪心算法，一定要确认其适用性。

 提　示

贪心策略的验证

算法竞赛不是数学竞赛。算法竞赛只要求程序运行以后的结果正确即可，所以，有时候可以采取猜结论的策略。在使用贪心策略时，也不要求严格证明贪心策略是正确的。因此大家一定要明白，贪心的结果不一定正确。贪心策略是否正确可以通过一些方法（如微扰法）进行验证，这不在本书的讨论范围内，感兴趣的同学可以自行检索相关资料。如果能证明贪心策略的正确性，再去使用，心里就更有底气了呢。

2.1.2　基础贪心问题举例

我们通过几个简单的例题看一下基础贪心算法的应用。这些问题很直白，而且一眼就可以看出来贪心策略，通常只需要先对输入的数据进行排序，然后依次处理即可。

例 2-1

题目名字：P2676 Bookshelf B。

题目描述：

Farmer John 最近为奶牛们的图书馆添置了一个巨大的书架，尽管它如此之大，但还是几乎瞬间就被各种各样的书塞满了。现在，只有书架的顶部还留有一点儿空间。

全部的 $N(1 \leqslant N \leqslant 20000)$ 头奶牛都有一个确定的身高 $H_i(1 \leqslant H_i \leqslant 10000)$。设所有奶牛身高的和为 S。书架的高度为 B，并且保证 $1 \leqslant B \leqslant S < 2000000007$。

为了触碰到比最高的那头奶牛还要高的书架顶端，奶牛们不得不像表演杂技一般，

一头站在另一头的背上，叠成一座"奶牛塔"。当然，这座塔的高度，就是塔中所有奶牛的身高之和。为了往书架顶端放东西，所有奶牛的身高之和必须不小于书架的高度。

显然，塔中的奶牛数量越多，整座塔就越不稳定，于是奶牛们希望在能触碰到书架顶端的前提下，让塔中奶牛的数量尽量少。现在，奶牛们找到了你，希望你帮它们计算这个数量的最小值。

输入格式：

第 1 行是 2 个用空格隔开的整数：N 和 B。

后面 N 行是 1 个整数：H_i（第 $i+1$ 行）。

输出格式：

1 个整数，即最少要多少头奶牛叠成塔，才能触碰到书架顶端。

输入样例：

6　40

6

18

11

13

19

11

输出样例：

3

说明/提示：

● 输入说明。一共有 6 头奶牛，书架的高度为 40，奶牛们的身高在 6～19 之间。

● 输出说明。一种只用 3 头奶牛就达到高度 40 的方法：18+11+13。当然还有其他方法，在此不一一列出了。

 思路分析：

根据题目描述可以将题意理解为，尽可能使奶牛数量 ans 最少，还可以达到书架的高度 B。我们需要先将奶牛的高度从大到小进行排序，让高个子奶牛尽可能先上场，这样贪心地选择奶牛，可以使得最后奶牛数量尽可能少。

排序完成以后，从身高最高的 0 号奶牛开始，用变量 sum 累加当前所有参与"奶牛塔"的奶牛身高。如果 sum 达到了书架高度 B，直接输出 ans，并跳出循环；相反，如果身高总和小于书架高度 B，sum 需要累加身高排名第二的奶牛的身高，奶牛数量 ans 加 1，再判断 sum 是否达到书架高度 B，反复累加，反复判断。

完整代码如下：

```
#include <iostream>
#include <algorithm>
using namespace std;
int n,b,ans;
int h[20005];
bool cmp(int a,int b){
    return a>b;
}
int main(){
    cin>>n>>b;                              //输入奶牛数量和书架高度
    for (int i = 0; i < n; ++i) {
        cin>>h[i];                          //依次输入每只奶牛的身高
    }
    sort(h,h+n,cmp);                        //从大到小排序奶牛的身高
    int sum = 0,ans=1;                      //参与"奶牛塔"的奶牛的身高总和
                                            //奶牛数量从1开始计

    for (int i = 0; i < n; ++i) {
        sum+=h[i];                          //累加每一只奶牛的身高
        if(sum>=b){                         //如果达到了书架高度
            cout<<ans <<endl;               //输出奶牛数量
            return 0;                       //程序结束
        }
        else ans++;                         //如果未达到书架高度,奶牛数量加1
    }
    return 0;
}
```

再看一个例子。

例 2-2

题目名字：P1208 混合牛奶。

题目描述：

由于乳制品产业利润很低，所以降低原材料（牛奶）价格就变得十分重要。帮助 Marry 乳业找到最优的牛奶采购方案。

Marry 乳业从一些奶农手中采购牛奶，并且不同奶农为乳制品加工企业提供的价格是不同的。此外，每头奶牛每天只能挤出固定数量的奶，因此每位奶农每天能提供的牛奶数量是一定的。每天 Marry 乳业可以从奶农手中采购到小于或等于奶农最大产量的整数数量的牛奶。

已知 Marry 乳业每天对牛奶的需求量，还有每位奶农提供牛奶的单价和产量，请计算采购足够数量的牛奶所需的最小花费。

注：所有奶农每天的总产量大于 Marry 乳业的需求量。

输入格式：

第 1 行为两个整数 n、m，表示需要牛奶总量和提供牛奶的奶农数量。

接下来 m 行，每行两个整数 p_i、a_i，表示第 i 个奶农提供牛奶的单价和奶农 i 一天最多能卖出的牛奶量。

输出格式：

单独的 1 行，包含单独的 1 个整数，表示 Marry 乳业拿到所需的牛奶的最小花费。

输入样例：

100 5

5 20

9 40

3 10

8 80

6 30

输出样例：

630

说明/提示：

对于 100% 的数据，$0 \leqslant n$、$a_i \leqslant 2000000$，$0 \leqslant m \leqslant 5000$，$0 \leqslant p_i \leqslant 1000$。

 思路分析：

我们需要两个变量，n 表示所需牛奶总量，sum 表示总费用，并且需要建立一个结构体 Milk，存储每个奶农的相关信息，它包含两个字段：数量 a 和单价 p。若使总费用 sum 最小，则需要将牛奶按照单价从低到高排序，从单价最低的奶农开始，如果当前奶农的奶量不够公司所需，就将其所有牛奶 s[i].a 全部购入。此时我们需要的牛奶数量减少，更新为 n-s[i].a；费用 sum 累加 s[i].p*s[i].a，再访问下一位奶农。如果当前奶农的奶量超过需求，则按照需要购入，并结束循环。

完整代码如下：

```c
#include<stdio.h>
#include<algorithm>
#include<stdlib.h>
using namespace std;
struct Milk{
    int p;
    int a;
};
int cmp(const Milk &a, const Milk&b){
    return a.p < b.p;
}
int main(){
    int n,m;
    scanf("%d%d",&n,&m);
    Milk s[m];
```

```
    int sum=0;
    for(int i=0;i<m;i++){
        scanf("%d%d",&s[i].p,&s[i].a);
    }
    sort(s,s+m,cmp);
    int index=0;
    while(n>0){
        if(s[index].a>n){
            sum+=s[index].p*n;
            break;
        } else {
            sum+=s[index].p*s[index].a;
            n-=s[index].a;
            index++;
        }
    }
    printf("%d\n",sum);
    return 0;
}
```

2.1.3　线段覆盖问题

本节介绍一个经典贪心问题：线段覆盖问题。在一条数轴上有 n 条线段。第 i 条线段的起点是 x_i，终点是 y_i，线段之间可能有重叠的部分（如果一条线段的起点正是另一条线段的终点，不算重叠）。现在要求从 n 条线段中选出若干条线段，使得它们不重叠，并且选出来的线段尽可能多（洛谷题号 P1803）。

举个例子，有 3 条线段，起点、终点分别是 0—2，1—3，2—4，如图 2.2 所示。

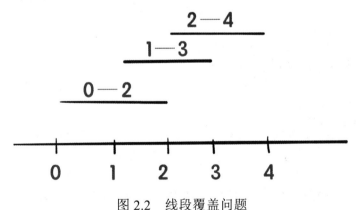

图 2.2　线段覆盖问题

可以选择 0—2 和 2—4 这两条线段，它们不重叠。但是如果选了 1—3 这条线段，就不能选另外两条了。

这个问题就没有前面的问题那么直观了。不过依然有一个大致的思路：应该尽量先选到终点比较早的线段，因为一个线段结束后，就可以继续选择其他线段了。相反，若一个线段到终点太晚，就会和后面的线段重合，影响选择后面的其他线段。

　　按照这个思路，算法设计如下：首先把所有线段按照终点从小到大排序。并且用一个变量 last 记录最后一个被选中的线段的终点，用一个变量 cnt 记录选择过多少条线段。这两个变量都初始化为 0。然后按照顺序依次查看每一条线段，如果这条线段的起点大于或者等于 last，说明上一条线段和当前线段不重合，当前线段可选，cnt 加 1，last 改成当前线段的终点。否则说明这条线段不能选。依次扫描完所有线段即可得到答案。完整代码如下：

```cpp
#include <iostream>
#include <cstring>
#include <cstdio>
#include <algorithm>
#include <vector>

using namespace std;
typedef long long ll;
const ll MAXN = 1e6 + 5;
const ll MOD = 1e9 + 7;

struct Seg {                    //定义结构体存放所有线段
    int s, t;                   //s 是线段起点，t 是线段终点

    bool operator<(const Seg &a) const {
        return t < a.t;         //按照终点从小到大排序
    }
} a[MAXN];

int n;

int main() {
    scanf("%d", &n);
    for (int i = 0; i < n; ++i) {
        scanf("%d%d", &a[i].s, &a[i].t);
    }
    sort(a, a + n);
    int cnt = 0, last = 0;
    for (int i = 0; i < n; ++i) {
        if (a[i].s >= last) { //当前线段可以选择
            cnt++;//答案总数加 1
            last = a[i].t;     //last 变成新的终点
        }
    }
    printf("%d\n", cnt);
    return 0;
}
```

2.2 高精度计算

如果要处理的数字太大，超过计算机能直接处理数值的范围，计算机就无法计算出准确的结果了。此时可以使用数组存储数字的每一位，手工模拟四则运算，这就叫高精度计算。

2.2.1 C++语言中的数据类型

在计算机程序设计语言中，一般都内置了一些数据类型，以 C++语言为例，内置的表示数值的数据类型分为整型和浮点型两种，分别用来表示整数和浮点数。其中浮点型又包括 float 类型、double 类型和 long double 类型。float 类型的好处是比较节约内存，但是表示的数字精度较差，目前在竞赛领域基本上被淘汰了。double 类型是目前最常用的浮点型，long double 类型是偶尔需要表示很大数据范围，并且对精度要求非常高的时候使用的类型，这两种类型能表示的数据都是以科学记数法的形式存储的，所以结果不一定准确（在一定有效数字位数之内是准确的，超过对应位数以后，就会产生误差）。所以如果要计算和存储准确的结果，不能使用浮点型。浮点型的表示范围和精度，可以在<cfloat>头文件中查到，查询方式和运行结果如下：

```cpp
#include <iostream>
#include <cfloat>//在这个头文件里面定义了数据范围

using namespace std;

int main() {
    cout << "double 类型的最小值: " << DBL_MIN << endl;
    cout << "double 类型的最大值: " << DBL_MAX << endl;
    cout << "double 类型的有效数字位数: " << DBL_DIG << endl;
    cout << "long double 类型的最小值: " << LDBL_MIN << endl;
    cout << "long double 类型的最大值: " << LDBL_MAX << endl;
    cout << "long double 类型的有效数字位数: " << LDBL_DIG << endl;
    /*
程序输出结果如下:
double 类型的最小值: 2.22507e-308
double 类型的最大值: 1.79769e+308
double 类型的有效数字位数: 15
long double 类型的最小值: 3.3621e-4932
long double 类型的最大值: 1.18973e+4932
long double 类型的有效数字位数: 18
    */
    return 0;
}
```

可以看到，double 类型只有 15 位有效数字，long double 类型有 18 位有效数字。虽然它们表示的数据范围很大，但是存储的结果并不准确。另外，请注意，具体的数据范围和有效数字的位数在不同运行环境中可能不相同，这在程序语言层面并没有严格规定。例如，在内存比较小的单片机或者计算器中，double 类型的数据范围可能会更小。注意这里的最小值表示的是在正数范围内的最小值。

整型变量的存储是准确的，但是其数据范围比较小，因为整型变量是真实存储数据的每一位，而不是用科学记数法的形式存储一部分有效数字和幂次。我们常用的 int 类型是 32 位的，在 32 位二进制中，用 1 位来表示正负，其余 31 位表示有效数字。所以 int 类型的数据范围是 $-2^{31} \sim 2^{31}-1$。long long 类型是 64 位的，同样也是用 1 位表示正负，其余 63 位表示有效数字，数据范围是 $-2^{63} \sim 2^{63}-1$。在<climits>头文件中定义了最大值和最小值的范围。另外有趣的是，如果在一个类型前面加上 unsigned 关键字，就会得到一个非负类型，所有数位都表示有效数字（把表示正负的那一位也借用过来），这样正数部分的范围会扩大一倍，但是不能表示负数了。具体代码如下：

```cpp
#include <iostream>
#include <climits>//在这个头文件里面定义了数据范围

using namespace std;

int main() {
    cout << "int 类型的最小值: " << INT_MIN << endl;
    cout << "int 类型的最大值: " << INT_MAX << endl;
    cout << "unsigned int 类型的最小值: " << 0 << endl;
    cout << "unsigned int 类型的最大值: " << UINT32_MAX << endl;
    cout << "long long 类型的最小值: " << LLONG_MIN << endl;
    cout << "long long 类型的最大值: " << LLONG_MAX << endl;
    cout << "unsigned long long 类型的最小值: " << 0 << endl;
    cout << "unsigned long long 类型的最大值: " << UINT64_MAX << endl;
    return 0;
}
/*
程序输出结果如下:
int 类型的最小值: -2147483648
int 类型的最大值: 2147483647
unsigned int 类型的最小值: 0
unsigned int 类型的最大值: 4294967295
long long 类型的最小值: -9223372036854775808
long long 类型的最大值: 9223372036854775807
unsigned long long 类型的最小值: 0
unsigned long long 类型的最大值: 18446744073709551615
 */
```

在标准 C++语言的基础上，Linux 的 GCC 编译器支持一个__int128 类型的扩展，其数据范围是 $-2^{127} \sim 2^{127}-1$。不过这个类型无法用 cin、cout、scanf、printf 这些常用的方法输入输出，需要自己手写输入输出函数。这部分内容超出本书讨论的范围，有兴趣的可以自行检索资料，在 CSP-J/S 和 NOIP 等比赛中都可以使用 __int128 类型。

即使用到了 __int128 类型，能准确表达的数字也仅有 36 位十进制左右，如果要支持一些很大的整数的运算，比如两个 500 位的数字相加，而且要计算出准确的结果，就不能使用现有的类型了。

此时，可以把很大的整数以字符串的形式读进来，将每一位拆开放入数组中，模拟竖式运算过程，这就叫高精度计算。下面分别用几个例子来演示高精度加、减、乘、除如何实现。

2.2.2 高精度加法

直接看一个例子：

例 2-3

题目名字：P1601 A+B Problem（高精度）。

题目描述：

高精度加法，不考虑负数。

输入格式：

2 个值 a、b，分两行输入。a、b ≤ 10^{500} 。

输出格式：

1 个值，代表 a+b 的值。

输入样例 **1**：

1

1

输出样例 **1**：

2

输入样例 **2**：

1001

9099

输出样例 **2**：

10100

例题要求的数据范围是 10^{500}，显然将变量定义为 int 类型或 long long 类型进行直接运算是无法实现的，所以我们要模拟加法竖式运算的过程。

首先，我们输入的两个数字位数都非常大，只有利用字符串 string 或者字符数组的方式进行读入。读入的字符串会有两个问题：第一个问题是，字符串中的每个字符并不具有数学含义，而都是字符类型的，需要将每一个字符都转化为 int 类型的数字，这一步只需将字符减去字符'0'，即 a[i]=s[i]-'0'；第二个问题是，读入的两个字符串长度不一定相同，每个数字对位相加时无法做到下标统一。例如，用 la 表示 a 的长度，用 lb 表示 b 的长度，此时 la 和 lb 不一定相等。不妨将两个字符串的高低位翻转一下，这样就可以使两个字符串的每一位下标都统一了。

图 2.3 就是一个例了，如果我们不把输入的字符串翻转，在长度不相同的情况下，输入 123456 和 123 对位相加会自动地高位对齐，生成错误结果。

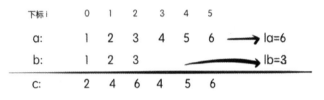

图 2.3　错误的对齐方式

正确的对齐方式（低位对齐）如图 2.4 所示。在输入完以后，把字符串翻转一下。下标为 0 的位置表示个位，下标为 1 的位置表示十位，以此类推。这样在计算加法时，只要将下标相同的位置相加即可。

图 2.4　正确的对齐方式（低位对齐）

那么一个字符串 s，如何翻转并且把每位拆开并放到一个 int 类型的数组 a 中呢？在图 2.5 中可以看到，假设字符串 s 的长度 la 为 6，原来 0 号位置的数字现在要去到 5 号位置，原来 1 号位置的数字现在要去到 4 号位置……

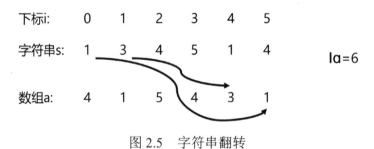

图 2.5　字符串翻转

容易发现，数组 a 中存放的数字，是 s 中 la-1-i 位置的字符转化成的数字，即 a[i]=s[la-1-i]-'0'。

将字符类型转换为 int 类型，同时高低位翻转的程序代码片段如下：

```
char s1[505], s2[505];
int a[505], b[505], c[505];        //数组 a、b 是两个加数，数组 c 是得数
int la, lb, l;
cin >> s1 >> s2;
```

```
la = strlen(s1);                    //求得数组 a、b 的长度
lb = strlen(s2);
lc = max(la, lb);                   //数组 c 的长度由 la、lb 中较大的一个决定
for (int i = 0; i <= la - 1; i++) {
    a[i] = s1[la - 1 - i] - '0'; //翻转后直接减'0'
}
for (int i = 0; i <= lb - 1; i++) {
    b[i] = s2[lb - 1 - i] - '0';
}
```

我们得到了两个 int 类型的数组，它们的下标均从 0 开始，接下来就可以开始对位相加了。对位相加分为两个过程：相加和进位。先处理对位相加，实现代码如下：

```
for (int i = 0; i < l; i++) {
    c[i] = a[i] + b[i];
}
```

再处理进位问题，如果数组 c 中的某一位 c_i>9，就说明需要进位，c[i+1]加 1，c[i] 保留个位数字，代码如下：

```
for (int i = 0; i < lc; i++) {
    if(c[i] > 9){
        c[i + 1]++;
        c[i] = c[i] % 10;
    }
}
```

在加法运算中，如果最高位出现进位，会使得数组 c 的长度 lc 加 1。例如，999+999，加数和被加数都是 3 位数，但是结果是 4 位数。本来变量 lc 记录的是数组 a、b 中最长的数的位数，最高位存放在 lc-1 位置上，如果这个位置出现进位，会向 lc 位置进 1，所以只需要判断 c[lc]是否为 1，若是，则把数组 c 的长度 lc 加 1。

```
if(c[lc] == 1)  lc++;
```

最后，只需要将数组 c 从高位向低位输出即可。

```
for(i = lc - 1;i >= 0;i--){
    cout<<c[i];
}
```

2.2.3　高精度减法

高精度减法的实现思路与高精度加法类似，同样是模拟减法竖式运算的过程。与加法不同的是需要考虑被减数与减数的大小关系,不够减时的借位和去除结果中多余的前导零。

例 2-4

题目名字：P2142 高精度减法。

题目描述：

高精度减法。

输入格式：

2 个整数 a、b。

输出格式：

结果（若是负数，则要输出负号）。

输入样例：

2

1

输出样例：

1

说明/提示：

对于 20% 的测试点，a、b 在 long long 类型范围内；

对于 100% 的测试点，$0 < a、b \leq 10^{10086}$。

先解决第一个问题，题中给出的 a 和 b 未确定哪一个更大，可能是一个比较大的数减一个比较小的数，也可能是一个比较小的数减一个比较大的数。这就需要我们实现两套不同逻辑，分别处理大减小和小减大的问题，比较麻烦。

一个常用的思想是化归：对于其中一种情况，经过简单的处理后，把它变成另一种情况。输入 a 和 b 后，判断一下大小。如果 a 较小，b 较大，则先输出一个负号，然后交换 a 和 b 的位置。这样算法后面的逻辑就都是 a 大 b 小，处理方式就统一了。

由于读入的是两个字符串 s1、s2，直接用字符串的比较方式判断大小是错误的，因为字符串默认的比较方式是按照字典序进行对比，但是字典序大的字符串不一定对应的数字大。两个字符串字典序的比较方式是先看第一个字符，第一个字符小的字符串就小。若第一个字符相同，再比较第二个，以此类推，直到找到一个不同的位置，根据这个位置比较大小。例如，s1= "9"，s2= "10"，字典序的比较结果是 s1>s2，因为字符 9 比字符 1 大，这样比较是错误的。正确的方法应该是，先比较 s1 和 s2 的长度，如果长度不同，长度长的数就大；如果长度相同，再比较字典序。示例代码如下：

```
string s1, s2;
int a[10100], b[10100], c[10100];
cin >> s1 >> s2;
int la = s1.size();    //la 是 s1 的长度
int lb = s2.size();    //lb 是 s2 的长度
//如果 s1 的长度小于 s2，或者长度相等但是 s1 的字典序小，都说明是小减大
```

```
if (la < lb || (la == lb && s1 < s2)) {
    cout << '-';           //先输出一个负号
    swap(s1, s2);          //交换 s1 和 s2 的位置
    swap(la, lb);          //长度别忘了也交换
}
```

接下来，两个字符串需要转换为数字类型的数组，同时对高低位进行翻转，这两步与高精度加法的方法一致，这里不再赘述。

接下来解决第二个问题：借位。在对位相减时，做减法前要判断被减数数组 a 的每一位与数组 b 的每一位大小，如果 a[i]>=b[i]，则正常做减法即可，否则需要向高位借位。部分代码如下：

```
int lc = max(la, lb);
for (int i = 0; i < lc; ++i) {
    c[i] = a[i] - b[i];
    if (c[i] < 0) {
        a[i + 1]--;
        c[i] = c[i] + 10;
    }
}
```

高精度减法的最后一步是，去除前导零。与加法不同，减法运算结束以后，位数可能会变少，答案是多少位并不确定，在极端情况下，最后答案可能只有一位数。例如，10000-9999=00001，那么高位的前导零都应该"抹掉"。去除前导零的方法有很多，这里介绍一个 while 循环的方式，i 从最高位 lc-1 开始，如果 c[i]是 0，则缩小一位长度，直到 c[i]不是 0 为止。值得注意的是，如果 c[i]的所有位都是 0，则要保证输出一个 0，不然就没有输出了。换句话说，最后答案的位数 lc 一定至少大于或等于 1。示例代码如下：

```
while (lc > 1 && c[lc - 1] == 0) {
    lc--;
}
for (int i = lc - 1; i >= 0; --i) {
    cout << c[i];
}
cout << endl;
```

2.2.4　高精度乘法

用同样的思路，我们可以实现高精度乘法。

例 2-5

题目名字：P1303 A*B Problem。

题目描述：

求两个高精度数的积。

输入格式：

2行，2个整数。

输出格式：

1行，1个整数，表示乘积。

输入样例：

1

2

输出样例：

2

说明/提示：

每个数字不超过10^{2000}。

高精度乘法的运算原理是，模拟乘法算式的运算过程，高低位交换后可以使得被乘数与乘数的个位、十位、百位分别对齐，交换的同时需要注意将输入字符转换为数字类型。经过转换，可以得到两个数组a、b，将两个数组对位相乘所得到的积，存入数组c。数组c的长度lc最大一定不会超过数组a、b的长度之和（即la+lb），例如，两个最大的两位数相乘，99×99=9801，乘积的长度是2+2=4；lc最小可能是1，例如，1000×0=0，此时就需要像减法运算一样去除前导零。

图2.6演示的是数字4321乘以789的运算过程。请注意，为了方便演示，这里数字没有翻转，数组下标是翻转的，下标0代表个位，排在最右边。观察这个过程，可以发现：首先，用a[0]，也就是第一个数的个位，去乘以b[0]，也就是第二个数的个位，即1×9，结果存放在c[0]位置。然后，用a[0]，也就是第一个数的个位，去乘以b[1]，也就是第二个数的十位，即1×8，结果存放在c[1]位置。以此类推，直到a[0]已经分别与b的每一位相乘。之后再用a[1]与b的每一位相乘，结果存放在数组c的对应位置上。

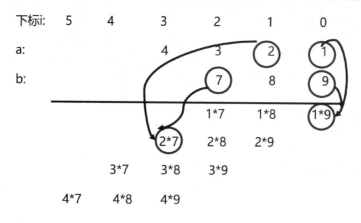

图2.6　高精度乘法

那么这个对应位置怎么计算呢？假设a[1]上的2和b[2]上的7相乘，结果应该存放在数组c的哪个位置上呢？根据小学的数学知识不难知道，应该放在c[3]位置上。这里可以总结一个规律：a[i] 和 b[j] 相乘的结果，要存放在 c[i+j] 位置上。并且，这个位置之前可能已经有别的数字了，所以要加到这个位置原有的数字上。另外需要注意的是，与小学数学知识不同，出于程序书写方便的考虑，我们这里是先拿 a 的个位去乘 b 的每一位，再拿 a 的十位去乘 b 的每一位。而一般在小学数学中会教我们用 b 的个位去乘 a 的每一位，再用 b 的十位去乘 a 的每一位。两种做法结果是相同的，只是顺序不同。

进位的处理逻辑和之前类似，不过因为乘法的进位较多，我们习惯性地每次相乘完就立刻进位，而不是算到最后统一处理进位。而且需要注意的是，不同于加法，乘法进位不一定是进 1，而是将当前这个位置除以 10 的商向前进位，当前位置保留除以 10 的余数。具体可以看代码中注释"进位操作"的部分。

最后，为了处理乘法结束以后数字位数减少的特殊情况，可以借用减法里面去除前导零的代码。

完整实现代码如下：

```
int lc=la+lb;
for (int i = 0; i< la; i++) {              //对位相乘
   for(int j = 0;j < lb;j++)
      c[i + j] += a[i] * b[j];   // a[i]*b[j]的结果放在 c[i+j]的位置上
      if(c[i + j] > 9){                    //进位操作
         c[i + j + 1] += c[ i + j] / 10;
         c[i + j] %= 10;
      }
   }
}
while(lc > 1 && c[lc - 1]==0){              //去除前导零
   lc--;
}
for(int i = lc - 1;i >= 0;lc--){           //从高位开始输出数组 c
   cout<<c[i];
}
```

上述代码中的两层循环的写法，是标准的高精度数乘高精度数，即两个乘数 a 和 b 都是高精度的，使用数组存储，每位单独计算。事实上，我们读入两个乘数 a 和 b，如果其中有一个乘数的大小没有超过 int 类型（假设较小数是 b），则可以将其视为一个整体，令其与数组 a 的每一位相乘，利用乘法分配律的原理，简化程序，只需一层循环即可。这种做法叫作"高精乘低精"。示例代码如下：

```
for (int i = 0; i < la; i++) {
   c[i] = a[i] * b;
}
```

此时，数组 c 中存放的数字需要进行进位处理。与加法运算的进位方法类似，唯一的区别是，高位不一定只增加 1，而是进位所有超过 10 的部分。示例代码如下：

```
for (int i = 0; i< lc; i++) {
    if(c[i] > 9) {
        c[i+1] += c[i] / 10;
        c[i] %= 10;
        if(i == lc - 1) lc++;
    }
}
```

数组 c 的最高位 c[lc-1]如果需要进位,会使结果的长度 lc 增加,请注意当最高位 c[lc-1]有进位时，对 lc 进行了自增。

接下来看一个高精乘低精的例题。

例 2-6

题目名字：P1760 通天之汉诺塔。

题目描述：

在你的帮助下，小 A 成功收集到了宝贵的数据，他终于来到了传说中连接通天路的通天山。这儿距离通天路仍然有一段距离，但是小 A 突然发现他没有地图！幸运的是，他在山脚下发现了一个宝箱。根据经验判断，地图应该就在其中。在宝箱上有 3 根柱子，其中 1 根柱子上有 n 个圆盘。小 A 经过很长时间判断后，觉得这就是汉诺塔！但是移动是需要时间的，所以小 A 必须通过制造延寿药水来完成这项任务。现在，请告诉他需要多少步完成，以便他制造足够的延寿药水。

输入格式：

1 个数 n，表示有 n 个圆盘。

输出格式：

1 个数 s，表示需要 s 步。

输入样例 1：

31

输出样例 1：

2147483647

输入样例 2：

15

输出样例 2：

32767

说明/提示：

对于所有数，$n \leqslant 15000$。

思路分析：

我们先了解一下汉诺塔。汉诺塔诞生于 19 世纪末，是一种智力玩具，在一块铜板上有 3 根柱子，左边柱子上自上而下按从小到大顺序串着由 n 个圆盘构成的塔。游戏目的是将左边柱子（A 柱）上的圆盘全部移到右边柱子（C 柱）上，条件是一次只能移动一个圆盘，且不允许大圆盘放在小圆盘的上面。

接下来演示一下汉诺塔圆盘移动的过程。

当圆盘数量 n=1 时，只需 1 步即可，如图 2.7 所示。

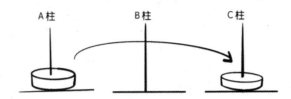

图 2.7　1 个圆盘的汉诺塔

当圆盘数量 n=2 时，需要 3 步，如图 2.8 所示。

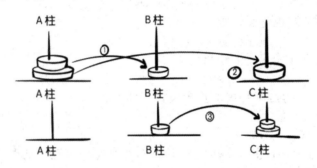

图 2.8　2 个圆盘的汉诺塔

当圆盘数量 n=3 时，需要 7 步，如图 2.9 所示。

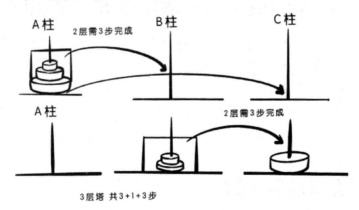

图 2.9　3 个圆盘的汉诺塔

由图 2.9 可见，当圆盘数量 n=3 时，我们可以用 3 步把上面的两个圆盘移到 B 柱，再用 1 步把最下面的大圆盘移到 C 柱，之后再把上面的两个圆盘按照之前的方法从 B 柱移动到 C 柱上，总步数即为 3+1+3=7 步。

　　容易发现，圆盘数量每增加 1 个，其需要的步数是之前的 2 倍加 1，如果用 S_n 表示移动 n 个盘子所需要的步数，递推公式为 $S_n = 2 \times S_{n-1} + 1$，其中 $S_1 = 1$。汉诺塔的步数结果呈现指数级增长，题目中要求 15000 片圆盘，即答案为（$2^{15000} - 1$），约等于 10^{4500}，可见 long long 类型是无法保存准确的结果的，需要采用高精度乘法。运用上文介绍的高精乘低精的思路，完整代码如下。

```cpp
#include <iostream>

using namespace std;
//数组 a 用来保存答案，len 是数组 a 存储的数字的位数
int n, a[15000], len;

int main() {
    cin >> n;
    if (n == 0) {//如果有 0 个盘子
        cout << 0 << endl;//直接输出 0 即可
        return 0;
    }
    a[0] = 1;   //否则从 1 个盘子开始递推，此时个位是 1
    len = 1;    //位数也是 1 位数
    for (int i = 2; i <= n; ++i) {
        //现在要计算 i 个盘子的结果
        for (int j = 0; j < len; ++j) {
            a[j] *= 2;//循环前面每个位置，都乘 2
        }
        a[0]++;//乘 2 以后加 1
        for (int j = 0; j < len; ++j) {//循环每个位置，处理进位
            a[j + 1] += a[j] / 10;
            a[j] %= 10;
        }
        if (a[len] == 1) len++;//如果发现 len 位置是 1，表示多了一位数
    }
    for (int i = len - 1; i >= 0; --i) {
        cout << a[i];//循环输出每个位置
    }
    cout << endl;
    return 0;
}
```

2.2.5　高精度除法取余数

　　由于高精度除以高精度的算法相对复杂，在算法竞赛中不涉及。本节中我们只讨论高精度除以低精度，计算余数部分的算法。

例 2-7

题目名字：T114522 gcd。

题目描述：

给定非负高精度整数 a、b，求它们的最大公约数。

输入格式：

1 行，2 个整数 a、b，空格隔开。

输出格式：

1 个整数，代表 gcd(a,b)。

输入样例：

100 30

输出样例：

10

说明/提示：

$a \leq 10^{50}$，b 在 int 类型范围内。

 思路分析：

利用辗转相除法求两个数的最大公约数是本题的解题思路。但是这里不能直接使用辗转相除法，因为 a 的大小超过 long long 类型范围，好在 b 在 int 类型范围内，是低精度的数。我们用高精度除法计算 a 除以 b 的余数 tmp，其大小一定小于除数 b，数据规模明显减小，接下来就直接使用辗转相除法计算 b 和 tmp 的最大公约数即可。

一起回顾一下除法竖式运算的过程，以 6123 除以 5 为例。我们需要一个变量 tmp，用来表示目前的余数，这个变量初始等于被除数的最高位数字 6，用 tmp 除以 5，商是 1，余数 tmp 变成 1，如图 2.10 所示。

现在 tmp 的值是 1，我们把 tmp 的值乘以 10 再加上 6123 的第二高位数字 1，得到 11。用 11 除以 5，商是 2，余数 tmp 变成 1，如图 2.11 所示。

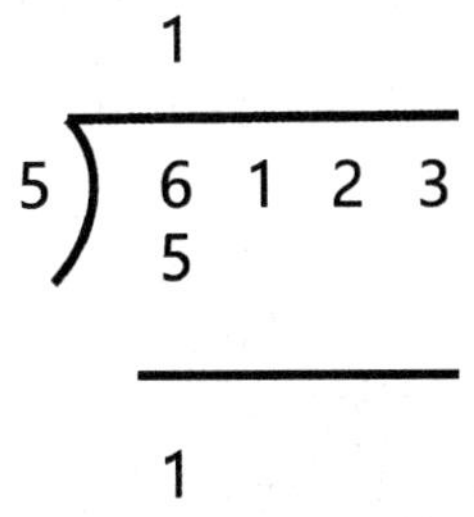

图 2.10　除法竖式运算（1） 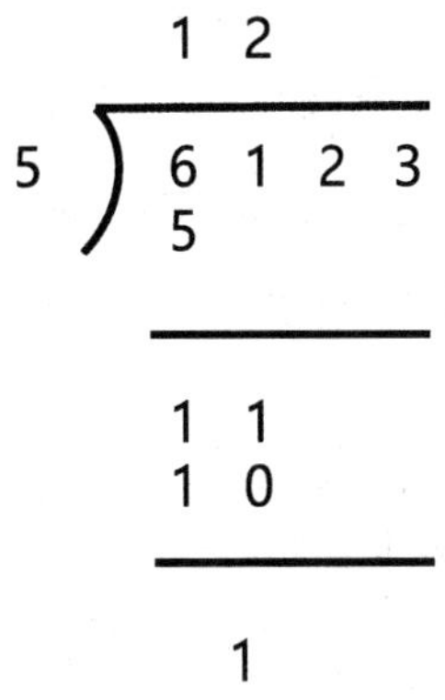　　　　图 2.11　除法竖式运算（2）

继续把 tmp 乘以 10 加上下一位数字 2，得到 12。用 12 除以 5，商是 2，余数 tmp 变成 2，如图 2.12 所示。

最后把 tmp 乘以 10 加上下一位数字 3，得到 23。用 23 除以 5，商是 4，余数 tmp 变成 3，如图 2.13 所示。

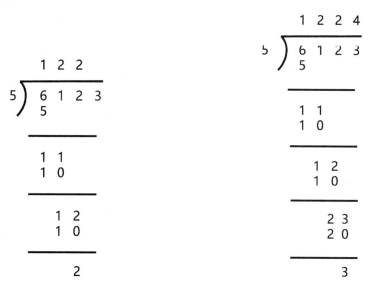

图 2.12　除法竖式运算（3）　　　　图 2.13　除法竖式运算（4）

运算结束，最终得到的商是 1224，余数是 3。

接下来，通过代码实现这一除法竖式运算，除法是从被除数的最高位开始进行的，所以不需要进行高低位翻转，第一步只要转换数据类型即可。

```
char s1[55];
int a[55],c[55];                //数组 a 是被除数，数组 c 是商
int la,l,b,tmp=0;               //整数 b 是除数
cin>>s1>>b;
la=strlen(s1);                  //求得字符数组 a 的长度
for(i=0;i<=la-1;i++){
    a[i]=s1[la]-'0';            //直接减'0'
}
```

第二步，设置一个初始值为 0 的变量 tmp，用来存放之前的余数。从被除数的最高位 a[0] 开始，每次都把之前的 tmp 扩大为原来的 10 倍，再加上下一位数字（即 tmp=tmp*10+a[i]），将其赋值给 tmp。判断 tmp 是否大于或等于除数 b，如果 tmp≥b，可以将商 tmp/b 存入数组 c[0]，tmp 更新为 tmp%b；否则，c[0]=0，tmp 的值不变。以此类推，直到被除数 a 的所有位置都用完。最终 tmp 里面存放的就是 a 除以 b 的余数。

```
int tmp=0;
for(i=0;i<=la-1;i++){
    tmp=tmp*10+a[i];
    c[i]=tmp/b;                 //数组 c 存放商的每一位
    tmp=tmp%b;                  //tmp 为当前的余数
}
```

得到了当前的余数 tmp 后，我们发现除数与商均在 int 类型范围内，直接采用辗转相除法就能得到最终结果。实际上字符转数字的计算可以和除法合并在一起写，完整代码如下（本题中并不需要求商是多少，所以未用到数组 c）：

```cpp
#include<iostream>
#include<string>

using namespace std;
char s1[55];
int b, i, tmp, la;

int gcd(int x, int y) {
    if (y == 0)return x;
    return gcd(y, x % y);
}

int main() {
    cin >> s1 >> b;
    if (b == 0) {//除数为 0 时，最大公约数为被除数
        cout << s1 << endl;
        return 0;
    }
    la = strlen(s1);
    for (i = 0; i < la; i++) {
        tmp = tmp * 10 + s1[i] - '0';
        tmp %= b;
    }
    cout << gcd(b, tmp) << endl;
    return 0;
}
```

2.3　归并排序

大家可能接触过冒泡排序、选择排序和插入排序等基础的排序算法，它们的时间复杂度均为 $O(n^2)$。假设有 100 个数需要进行由小到大的排序。按照上述 3 种排序方式，大概的计算量是 100×100=10000（次）。若把 100 个数分为两组，每组各有 50 个数，每组的计算量是 50×50=2500（次），两组的计算量加起来是 5000（次），最后只需将这两个有序数组合并到一起，成为一个大的有序数组即可，假设合并的计算量小于 5000（次），那么"分而治之"就比直接排序要快。大家可以感觉到，合并操作比直接排序操作简单，我们有理由相信它的计算量小于 5000（次）。因此，把一个大问题先拆分成若干个小问题，对这些小问题分别做处理，然后把答案合并，往往会大大减小计算量，这个思想叫作分治。

分治的具体实现分为 3 个步骤：

（1）分（拆分）：把一个规模较大的问题，分成两个或者多个规模较小的问题。

（2）治（处理）：解决每个小问题。

（3）合（合并）：把每个小问题的结果合并为大问题的结果。

其中，第一步的英文是 Divide，第二步的英文是 Conquer，所以分治思想的英文术语是"Divide and Conquer"。

本节以归并排序为例，向大家演示分治思想是如何运用的。

2.3.1 归并

根据上文思路，对包含 100 个数的数组进行由小到大的排序，先将数组拆分成两部分，分别排序，其中拆分的步骤很简单，不妨就按照前一半、后一半的方式，把原来 100 个数分别放在数组 a 和数组 b 中，前后各 50 个数。处理的步骤也很简单，直接用基础的排序方法，或者递归调用自己，都可以各自排好。所以我们先考虑最后一步，将两个有序数组 a[50]、b[50]合并到一起，得到一个有序数组 c[100]，也就是合并的过程。这个过程称为归并（Merge）。归并的实现方式有很多种，这里介绍一种比较高效的实现方式。

用两个数组指针变量 i、j 分别指向数组 a、b 中目前要比较的元素，i、j 的初始值为 1，代表从数组 a、b 的第一个元素开始比较，将 a[i]、b[j]中较小的数放入数组 c 的末尾，再将较小数的 i 或 j 向后移动一位，指向下一元素。重复以上步骤，直到某一数组的全部元素都已用光，把另一数组的剩余元素复制到数组 c 中即可完成归并。

我们用一个例子演示一下两个数组归并的过程。假设数组 a 中初始有 4 个元素，分别是"3 9 15 20"，数组 b 中初始也有 4 个元素，分别是"2 3 4 5"。i 指向数组 a 中的第 1 个元素，j 指向数组 b 中的第 1 个元素。比较 a[i]和 b[j]的值，发现 b[j]更小，因此把 b[j]放入数组 c 末尾，如图 2.14 所示。

j 向右移动一步，继续比较 a[i]和 b[j]，发现它们相等。此时把谁放入数组 c 都是可以的，不妨选择 a[i]，如图 2.15 所示。

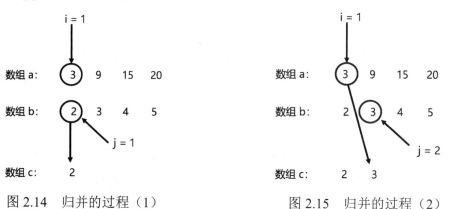

图 2.14 归并的过程（1） 图 2.15 归并的过程（2）

i 向右移动一步，继续比较 a[i]和 b[j]，此时把更小的 b[j]放入数组 c 末尾，如图 2.16 所示。

　　j 向右移动一步，继续比较 a[i] 和 b[j]，此时把更小的 b[j] 放入数组 c 末尾，如图 2.17 所示。

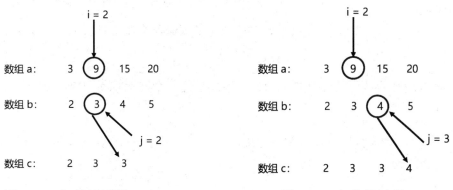

图 2.16　归并的过程（3）　　　　　　图 2.17　归并的过程（4）

　　j 向右移动一步，继续比较 a[i] 和 b[j]，还是把 b[j] 放入数组 c 末尾，如图 2.18 所示。

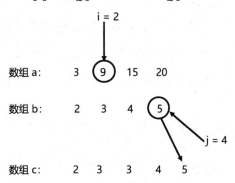

图 2.18　归并的过程（5）

　　现在数组 b 的全部元素已经用完，剩余数组 a 中每个位置的元素，依次放入数组 c 末尾，如图 2.19 所示。

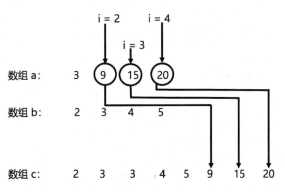

图 2.19　归并的过程（6）

　　归并操作结束，可以看到，归并操作只需要把两个数组从左向右扫描一遍，即可把它们合并成一个完整的有序数组。

　　代码实现如下：

```
int i=1,j=1,k=1;//i 表示数组 a 中待比较的元素位置，j 表示数组 b 中待比较的元素位置，k
表示要放入数组 c 中的位置
while(i<=n&&j<=n){ //如果 i 和 j 都没有超过 n，说明两个数组中都还有元素没有比较完
```

```
    if(a[i]<=b[j]){//如果数组 a 中 i 位置的元素较小
        c[k++]=a[i++];//复制数组 a 中 i 位置的元素到数组 c 的 k 位置，并且把 k 加 1
    }
    else{
        c[k++]=b[j++];//复制数组 b 中 j 位置的元素到数组 c 的 k 位置，并且把 k 加 1
    }
}
while(i<=n){//如果数组 a 还有剩余元素，循环把每一个元素复制到数组 c 中
    c[k++]=a[i++];
}
while(j<=n){ //如果数组 b 还有剩余元素，循环把每一个元素复制到数组 c 中
    c[k++]=b[j++];
}
```

以上过程，是把一个待排序的数组拆分成了两个数组 a 和 b，这是为了叙述时更加清楚。其实在归并排序的代码里，我们是通过写一个函数对一个数组内部的某段区间范围进行归并的。假设要排序的数组是数组 a，merge 函数的参数是 left 和 right，表示要把数组 a 从 left 位置到 right 位置进行归并（包括 left 和 right 位置的数字）。假设 left 到 right 区间已经都拆分完毕，并且在 left 到 right 的范围内，左半边和右半边已经各自排好序，仅仅需要进行归并操作。示例代码如下：

```
void merge(int left, int right) {
    int i, j, k, mid;
    for (k = left; k <= right; ++k) {
        b[k] = a[k];
    }
    i = left;
    mid = (left + right) / 2;
    j = mid + 1;
    k = left;
    while (i <= mid && j <= right) {
        if (b[i] < b[j]) {
            a[k++] = b[i++];
        } else {
            a[k++] = b[j++];
        }
    }
    while (i <= mid) {
        a[k++] = b[i++];
    }
    while (j <= right) {
        a[k++] = b[j++];
    }
}
```

在上述代码中，使用了一个数组 b，把数组 a 中需要排序的部分复制到数组 b 的对应位置上。所以，虽然在调用函数时看起来是"原地排序"，但是其实在内部实现时，还是用

到了额外的空间，只不过这个过程对于函数调用者透明。将数组 a 复制到数组 b 以后，把数组 b 的前一半和后一半归并回原数组 a 中。

程序的第二部分计算了一个变量 mid=(left+right)/2，mid 代表左半边的最后一个元素。i 从 left 开始，j 从 mid+1 开始（也就是右半边的第一个元素）。程序中 k 表示的是要复制回数组 a 的哪个位置，初始值也是 left，就是把左右两边中最小的数放在 a[left] 位置。

归并的过程大家已经了解，那么如何用归并操作来排序呢？归并排序函数 mergeSort 包括拆分和递归调用，示例代码如下：

```
void mergeSort(int left, int right) {
    if (left< right) {
        int mid = (left + right) / 2;
        mergeSort(left, mid);        //对区间的左半边进行排序
        mergeSort(mid + 1, right);   //对区间的右半边进行排序
        merge(left, right);          //对排好序的左右两边进行归并
    }
}
```

mergeSort 函数的两个参数 left 和 right 界定了要对数组进行排序的具体范围。如果 left 小于 right，说明数组中至少有两个元素，这时是需要排序的。首先计算一下 mid，递归调用自己，把左半边排好。其次递归调用自己，把右半边排好。最后调用 merge 函数，把左右两边合并，这样本区间就排好序了。

第一次调用 mergeSort 函数时，把数组的起点和终点作为参数输入，函数会不停递归下去，直到遇到区间长度为 1 的区间，将小区间合并为大区间，以此类推，最后得到合并后的结果。归并顺序的过程如图 2.20 所示。

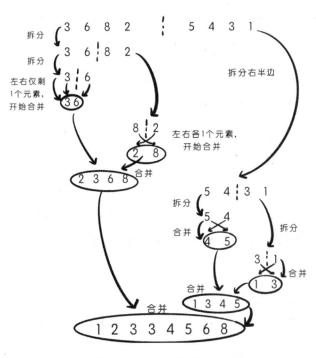

图 2.20　归并排序的过程

2.3.2　归并排序的时间复杂度分析

上文已经完整介绍了归并排序的原理和实现，那么归并排序的时间复杂度是多少呢？对于递归类型的算法，分析复杂度的关键在于分析递归的次数。

不妨设 $n=8$，即有 8 个数需要排序，下标从 1 开始。先考虑第一层递归，第一次调用 mergeSort 函数时，参数是 1 和 8，表示对整个数组进行排序。这一层的递归会分别调用左右两边，暂时不考虑下面几层递归的复杂度，在递归结束以后，对本层的 8 个元素进行一次合并。因为合并的时候需要循环访问数组中的 8 个元素，所以总的计算量是 8 次。

接下来考虑第二层，这一层有两次递归调用 mergeSort 函数，分别是区间[1,4]和[5,8]。在[1,4]区间，又分别调用了区间[1,2]和[3,4]。在[5,8]区间，分别调用了区间[5,6]和[7,8]。依然先不考虑下一层调用的时间开销，只计算本层合并的花费。区间[1,4]的合并操作，需要 8/2 次计算，区间[5,8]的合并操作，也需要 8/2 次计算，所以本层的总计算量是 8/2×2=8（次）。

大家应该能看出一些规律了。在第三层有 4 次调用，每次需要 $n/4$ 次计算进行合并，所以每层的计算量都是 n 的一次函数，即每层的时间复杂度都是 $O(n)$，共有几层呢？对于 $n=8$，在第四层就会把区间长度分成 1，直接返回了，所以总共有 3 层是需要合并的。对于 n 个数字的排序问题，层数是 $\log_2 n$。通常，底数 2 省略，记作 $\log n$。所以归并排序的总时间复杂度是 $O(n\log n)$。

2.3.3　归并排序的应用

例 2-8

题目名字：P1908 逆序对。

题目描述：

猫猫 Tom 和小老鼠 Jerry 最近又较量上了，但是毕竟都是成年动物了，它们已经不再喜欢玩那种你追我赶的游戏，反而喜欢上了统计。

Tom 查阅到一个人类称为"逆序对"的东西，其定义为：对于给定的一段正整数序列，逆序对就是序列中 a[i]>a[j] 且 i<j 的有序对。知道这个概念后，它们就比赛，看谁先算出给定的一段正整数序列中逆序对的数量（注意序列中可能有重复数字）。

输入格式：

第 1 行，1 个数 n，表示序列中有 n 个数。

第 2 行，n 个数，表示给定的序列。序列中每个数字不超过 10^9。

输出格式：

序列中逆序对的数量。

输入样例：

6

5 4 2 6 3 1

输出样例：

11

说明/提示：

对于 25%的数据，$n \leqslant 2500$。

对于 50%的数据，$n \leqslant 4 \times 10^4$。

对于所有数据，$n \leqslant 5 \times 10^5$。

请注意，本题输入的数据比较多，请使用较快的输入输出方式来读写数据，比如 scanf()函数和 printf()函数。

 思路分析：

根据题意，逆序对的满足条件是 a[i]>a[j]且 i<j，因此在统计某一个元素 a[i]可以与几个元素构成逆序对时，只需要关心 a[i]右边的元素 a[j]的大小，其中 i+1≤j≤n。最朴素且暴力的做法是，将数组里每一个元素 a[i]都与其后面的元素比对一遍，如果后面的某一元素 a[j]<a[i]（j>i），则逆序对个数 ans++。具体代码如下：

```
long long ans=0;
for(i=1;i<=n;i++){
    for(j=i+1;j<=n;j++){
        if(a[j]<a[i]) ans++;
    }
}
```

上述算法的时间复杂度为 $O(n^2)$，当数据量达到 5×10^5时，程序无法在 1s 内完成。所以，需要想办法优化算法。下面 left，mid，right 分别代表左、中、右三个位置。

假设对于原来的数组 a，写一个函数 solve(left,right)，用来计算这个数组从 left 到 right 范围内，能组成多少组逆序对。即计算有多少对二元组(i,j)满足 left≤i<j≤right 且 a[i]>a[j]。当调用这个函数，参数是 1 和 n 时，就表示在整个数组范围内计算答案；否则就是在数组的部分范围内计算答案。

现在讨论在数组 a 从 left 到 right 的范围内如何计算答案。第一步，将区间尽量平均地分为两部分（a[left]~a[mid]，a[mid+1]~a[right]），此时整个区间范围内的所有答案可以分成 3 种情况：

（1）i 和 j 都在左半边。

（2）i 和 j 都在右半边。

（3）i 在左半边，j 在右半边。

对于第一种情况，直接递归调用 solve(left,mid)即可求解。对于第二种情况，直接递归调用 solve(mid+1,right)即可求解。所以现在问题关键在于，如何求解第三种情况的答案。由于 i 和 j 分别在两边，所以左半边元素的顺序是无所谓的，右半边所有元素的顺序也是无所谓的，可以把左右两边各自从小到大排好序。此时不妨让 i 先取左边第一个位置，j 先取右边第一个位置，以 8 个数字为例，如图 2.21 所示。

当 i=1，j=mid+1 时，a[i]<a[j]，不符合逆序对条件。此时，由于处于 j 位置的数字是右半边最小的，i 处的数字比右半边最小的数字都小，因此 i 一定不会跟右半边任何一个元素构成逆序对，i 直接加 1，如图 2.22 所示。

| 图 2.21 求解逆序对过程（1） | 图 2.22 求解逆序对过程（2） |

当 i=2，j=mid+1 时，a[i]=3 与 a[j]=2 构成了一组逆序对。由于数组 a 的前半部分是有序数组，所以 a[i+1]～a[mid]的所有数都大于 a[i]，a[i]～a[mid]的所有数都与 a[j]构成了逆序对。逆序对数量 ans+=mid-i+1。此时我们找到了与 a[j]组合的所有逆序对，不需要继续考虑 j 了，可以把 j 加 1。

下一步，i=2，j=mid+2，此时 a[i]=a[j]=3，不构成逆序对，i 再加 1.

再下一步，i=3，a[i]=5，此时 j=mid+2，a[j]=3，左半边剩余的数都与 a[j]构成逆序对。以此类推，如图 2.23 所示。

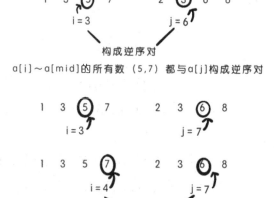

图 2.23 求解逆序对过程（3）

不难发现，当 j 指向的元素小于 i 指向的元素时，就会与 a[i]～a[mid]的所有数都构成逆序对，不需要一一比较了，这就大大节约了运算时间。部分代码如下：

```
mid=(left+right)/2;                    //将元素集合分为前后两部分
i=left;j=mid+1;                        //i 指向前半部分的第一个元素 left
                                       //j 指向后半部分的第一个元素 mid+1

while(i<=mid&&j<=right){
    if(a[j]<a[i]){                     //a[j]<a[i]构成逆序对
```

```
        ans+=mid-i+1;                    //逆序对数量增加（mid-i+1）个
        j++;                             //指向下一元素
    }
    else{
        i++;                 //a[i]≤a[j]时不构成逆序对，i 直接指向下一个元素
    }
}
```

上述过程与归并排序很像，其实在进行上述过程时，除了计算逆序对数量，也可以顺便把左右两边的有序数组合并一下，得到一个完整的有序区间。这样一来，我们不用特意对数组左右两边进行排序，在递归调用完左右两边以后，排序自然完成。之后在计算本区间答案时，也可以顺便合并整个区间，计算完后本区间也排好序了，回到上一层。完整代码如下：

```
#include<iostream>
#include<cstdio>
using namespace std;
int a[500005],t[500005];
long long ans;
void merge(int left,int right){
    int i,j,mid,tmp;
    mid=(left+right)/2;
    i=left;
    j=mid+1;
    tmp=left;
    while(i<=mid&&j<=right){
        if(a[i]<=a[j]) t[tmp++]=a[i++];        //不构成逆序对，i 后移
        else{
            t[tmp++]=a[j++];                    //构成逆序对，j 后移
            ans+=mid-i+1;                       //逆序对数量变化
        }
    }
    while(i<=mid) t[tmp++]=a[i++];
    while(j<=right) t[tmp++]=a[j++];
    for(i=left;i<=right;i++){
        a[i]=t[i];
    }
}
void mergesort(int left,int right){            //递归函数
    if(left<right){
        int mid;
        mid=(left+right)/2;
        mergesort(left,mid);                   //拆分左半边
        mergesort(mid+1,right);                //拆分右半边
        merge (left,right);                    //归并操作
    }
}
int main(){
```

```
    int n,i;
    cin>>n;
    for(i=1;i<=n;i++){
        scanf("%d",&a[i]);                //快速读入数组
    }
    mergesort(1,n);                       //开始拆分
    printf("%lld",ans);
    return 0;
}
```

例 2-9

题目名字：P1309 瑞士轮，时间限制 500ms。

题目背景：

对双人的竞技性比赛，如乒乓球、羽毛球、国际象棋中，最常见的赛制是淘汰赛和循环赛。前者的特点是比赛场数少，每场都紧张刺激，但偶然性较高。后者的特点是较为公平，偶然性较低，但比赛过程往往十分冗长。

本题介绍的瑞士轮赛制，因最早使用于 1895 年在瑞士举办的国际象棋比赛而得名。它可以看作淘汰赛与循环赛的折中，既保证了比赛的稳定性，又能使赛程不至于过长。

题目描述：

编号为 1～2N 的 2N 名选手共进行 R 轮比赛。每轮比赛开始前，以及所有比赛结束后，都会按照总分从高到低对选手进行一次排名。选手的总分为第一轮开始前的初始分数加上已参加过的所有比赛的得分和。总分相同的，约定编号较小的选手排名靠前。

每轮比赛的对阵安排与该轮比赛开始前的排名有关：第 1 名和第 2 名、第 3 名和第 4 名、…、第 2K-1 名和第 2K 名、…、第 2N-1 名和第 2N 名，各进行一场比赛。每场比赛的胜者得 1 分，负者得 0 分。也就是说除了首轮以外，其他轮比赛的安排均不能事先确定，而是取决于选手在之前比赛中的表现。

现给定每个选手的初始分数及其实力值，试计算在 R 轮比赛过后，排在第 Q 名的选手编号是多少。我们假设选手的实力值两两不同，且每场比赛中实力值较高的总能获胜。

输入格式：

第 1 行是 3 个正整数 N、R、Q，每两个数之间用一个空格隔开，表示有 2N 名选手、R 轮比赛，以及比赛选手的名次 Q。

第 2 行是 2N 个非负整数 $s_1, s_2, \cdots, s_{2N}$，每两个数之间用一个空格隔开，其中 s_i 表示编号为 i 的选手的初始分数。

第 3 行是 2N 个正整数 $w_1, w_2, \cdots, w_{2N}$，每两个数之间用一个空格隔开，其中 w_i 表示编号为 i 的选手的实力值。

输出格式：

1 个整数，即 R 轮比赛过后，排在第 Q 名的选手的编号。

输入样例:

2 4 2

7 6 6 7

10 5 20 15

输出样例:

1

说明/提示:

（1）样例解释。

选手编号	本轮对阵	本轮结束后的得分			
	—	①	②	③	④
初始	—	7	6	6	7
第1轮	①—④ ②—③	7	6	7	8
第2轮	④—① ③—②	7	6	8	9
第3轮	④—③ ①—②	8	6	9	9
第4轮	③—④ ①—②	9	6	10	9

（2）数据范围。

对于30%的数据，$1 \leq N \leq 100$。

对于50%的数据，$1 \leq N \leq 10000$。

对于100%的数据，$1 \leq N \leq 100000$；$1 \leq R \leq 50$；$1 \leq Q \leq 2N$；$0 \leq s_1, s_2, \cdots, s_{2N} \leq 10^8$；$1 \leq w_1, w_2, \cdots, w_{2N} \leq 10^8$。

 思路分析:

在本例题中，我们根据分数高低进行排序，选手两两比较实力值，较高者加1分，加分后再次排序，依次循环。直到经过 R 轮后，询问第 Q 名选手的排名。

最容易想到的方法是结构体快速排序法，但要考虑时间复杂度。一次快速排序的时间复杂度是 $O(M\log N)$，R 轮比赛总的时间复杂度是 $O(RN\log N)$，按照本例题数据规模估算，时间可能会超限。

本例题使用快速排序时间过长的原因是什么呢？容易发现，每一次排序后，每组两人比较实力值，会产生胜利者和失败者，胜利者均被加1分，失败者不加分。此时数组并不是很乱，数组中的大部分元素还是排好序的，仅有个别元素需要调整顺序。如果我们每一轮比赛结束，没有利用之前的信息，而是直接把这个数组重新排序，就会造成时间浪费。

如何优化呢？优化的关键在于充分利用已知信息。在每轮比赛开始前，所有参赛者的分数是排好序的，每一组的获胜者都加了1分，每一组的失败者分数都不变。所以本组的胜利者分数一定不低于后一组的胜利者分数，同理，本组的失败者分数一定不低于后一组的失败者分数。换言之，假设 a≥b，则 a+1≥b+1。容易发现，如果把所有获胜者按照原来的顺序单独抽出来（胜利组），那么这些人是排好序的。所有失败者也单独抽出来（失败组），他们也是排好序的。以输入样例为例，单独抽出的胜利组和失败组如图 2.24 所示。

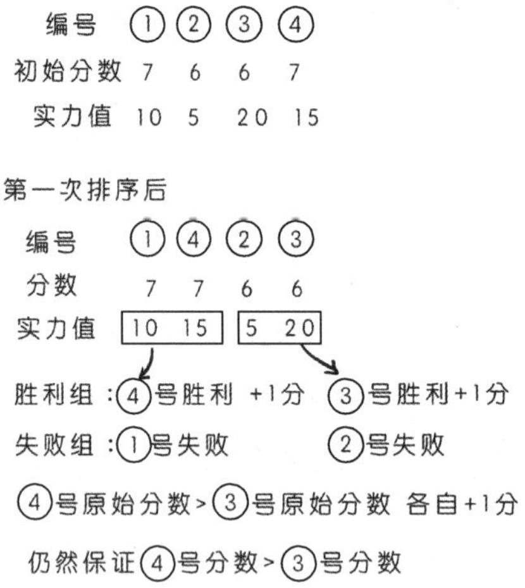

图 2.24　单独抽出的胜利组和失败组

　　将每组的胜利者放入胜利组，将失败者放入失败组，统一给胜利者加 1 分。此时两个数组都是排好序的，可以直接归并放回原数组，而不需要对原数组进行排序操作了。已知归并的时间复杂度是 $O(n)$，而排序的时间复杂度是 $O(n\log n)$，相比于直接排序的算法，新算法快了 $\log n$ 倍，具体代码如下：

```cpp
#include<iostream>
#include<algorithm>
using namespace std;
struct stu{
    long long a,b,c;
};
stu p[200005];
stu win[200005],los[200005];
long long n,r,q;
bool cmp(const stu&x,const stu&y){
    if(x.b!=y.b) return x.b>y.b;        //分数不同，比较分数，分数高的在前
    else return x.a<y.a;                //分数相同，比较编号，编号小的在前
}
void merge(){
    int i,j,w=0,l=0,tmp=1;
    for(i=1;i<=2*n;i+=2){                //N 组选手
        if(p[i].c<p[i+1].c) {            //比较实力值
            p[i+1].b++;                  //胜利者加 1 分
            win[++w]=p[i+1];             //进入胜利组
            los[++l]=p[i];               //失败者进入失败组
        }
        else {
            p[i].b++;
            win [++ w]=p[i];
            los[++l]=p[i+1];
```

```
        }
    }
    i=1;j=1;
    while(i<=w&&j<=l){                   //胜利组与失败组进行归并
        if(cmp(win[i],los[j])){          //根据分数和编号进行比较
            p[tmp++]=win[i++];           //分数高或分数相同编号小的选手进入临时数组 p
        }
        else p[tmp++]=los[j++];
    }
    while(i<=w){                         //胜利组剩余选手直接复制进入临时数组 p
        p[tmp++]=win[i++];
    }
    while(j<=l){                         //失败组剩余选手直接复制进入临时数组 p

        p[tmp++]=los[j++];
    }
}
int main(){
    int i;
    cin>>n>>r>>q;
    for(i=1;i<=2*n;i++){                 //读入 2N 名选手的初试分数及编号
        cin>>p[i].b;
        p[i].a=i;
    }
    for(i=1;i<=2*n;i++){                 //读入 2N 名选手的实力值
        cin>>p[i].c;
    }
    sort(p+1,p+1+2*n,cmp);               //根据初始分数及编号进行快速排序
    for(i=1;i<=r;i++){                   //进行 R 轮比拼
        merge();                         //归并函数
    }
    cout<<p[q].a<<endl;                  //输入排在第 Q 名的选手编号
    return 0;
}
```

2.4　快速排序

　　上文介绍了归并排序算法，大家可能会产生疑问，对于排序这样的基础操作，为什么要自己去实现呢？计算机领域里有一句谚语：“不要重复造轮子”，排序这样的基础操作，是否应该在语言层面提供，程序员只需调用现成的函数呢？

　　的确，在 C++的<algorithm>头文件中有一个 sort 函数就是用来排序的，其内部使用的便是快速排序算法。学习过 C++语言的应该都接触过 sort 函数，这里不做过多介绍。本节带领大家深度分析一下快速排序算法的原理，以及它快速的原因。

2.4.1　快速排序的思想

在 2.3 节中，我们介绍了分治思想，并且用分治思想设计了归并排序。归并排序的思想是，把一个较长的数组分成左右两半，分别排好，再合并结果。

而快速排序的思想是，找一个基准元素，想办法把数组进行一个划分，比基准元素小的元素放在它的左边，比基准元素大的元素放在它的右边。左右两边各自排序，排完以后整个数组就是有序的了，不需要再合并。

具体来说，假设数组 a 中有 100 个数字进行排序（为了方便叙述，不妨认为数组中没有重复数字）。选中第一个数字 a[1]作为基准元素，其后的每一个数字与之比大小。尽可能将小于 a[1]的数放在前面，大于 a[1]的数放在后面，a[1]放在中间。实现的方法是，设置两个指针变量 i 和 j，i 指向最左边元素后面的第一个元素，j 指向最后一个元素。如果 a[i]<a[1]，i 就指向下一个元素，即 i++；若 a[i]>a[1]，指针停在当前位置。j 开始与 a[1]作比较，如果 a[j]>a[1]，j 指向左边的下一个元素，即 j--；若 a[j]<a[1]，指针停在当前位置。此时，a[i]比较大，应该向右换，而 a[j]比较小，应该向左换，正好可以把 i 和 j 位置上的数字交换。a[i]与 a[j]交换后，便可以得到 a[i]<a[1]且 a[j]>a[1]，也就是我们想要的左边的数小于 a[1]，右边的数大于 a[1]。之后 i 加 1，j 减 1，继续以上操作，直至 i、j 相遇并错位。最后一步，将 a[j]与 a[1]进行交换，a[j]成为整个数组的基准元素。a[j]将数组分成两部分，左半部分 a[1]～a[j-1]的数都小于 a[j]，右半部分 a[j+1]～a[n]的数都大于 a[j]。这一过程的时间复杂度是 $O(n)$。

我们用一个具体的例子演示一下这个划分的过程，如图 2.25 所示。图中，一开始我们选择数组最开始的 4 作为基准元素，i 指向基准元素后面的 2，j 指向最后一个元素 6。

首先是将 i 向后移动，越过比 a[1]小的 2 和 1，最终 i 停在 5 上。

接下来将 j 向左移动。

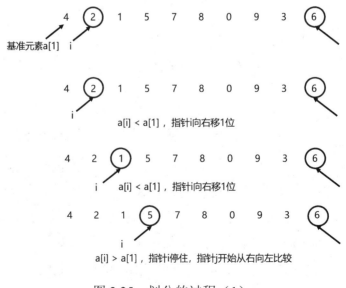

图 2.25　划分的过程（1）

下一步，如图 2.26 所示。j 跳过比 4 大的 6，停留在比 4 小的 3 上。此时 i 指向的数比 4 大，想换到右边去，j 指向的数比 4 小，想换到左边去，正好可以交换位置。交换完以后，i 再右移一步停在 7 上，j 向左移一步停在 9 上。

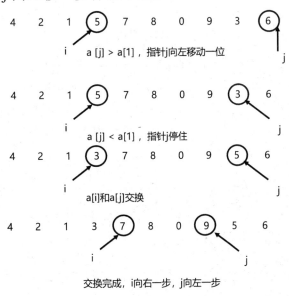

图 2.26　划分的过程（2）

继续进行上述操作，如图 2.27 所示。i 停在 7 上，j 停在 0 上，a[i] 和 a[j] 互换位置，i 向右，j 向左。接下来，i 停在 8 上，j 向左走到 0 上。此时，i 和 j 已经错位了，将基准元素 a[1] 与 a[j] 交换，交换后基准元素到了 j 的位置，j 左边的数都比 a[j] 小，j 右边的数都比 a[j] 大，划分完成。并且在此次操作中，i 和 j 一起扫过了数组中所有元素，所以时间复杂度是 $O(n)$。

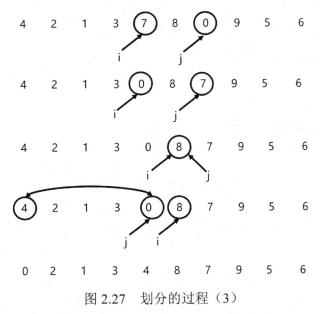

图 2.27　划分的过程（3）

划分操作完成后，左右两半的数据规模大致变为原来的一半，两部分分别进行递归排序，各自排好序以后，整个数组的顺序就排好了。需要注意的是，和归并排序一样，划分操作也是递归进行的，所以每次划分需要指定当前要处理的数组区间范围，此处用 low 和 high 表示区间的起点和终点，划分操作示例代码如下：

```
int x = a[low];                      //选择 x 作为基准元素
int i = low + 1;                     //i 指向 x 右边第一个元素
int j = high;                        //j 指向最后一个元素
while (true) {
    while (i<=high && a[i] < x) i++; //i 越过小于基准元素的数
    while (j>=low && a[j] > x) j--;  //j 越过大于基准元素的数
    if (i >= j) break;               //当 i 和 j 错位时，停止
    t = a[i];                        //交换 a[i]和 a[j]
    a[i] = a[j];
    a[j] = t;
    i++;                             //i 向右走
    j--;                             //j 向左走
}
t = a[low];//交换 a[j]和 a[low]
a[low] = a[j];
a[j] = t;
```

代码中有几个细节需要注意，首先，为了优化时间，我们并没有使用 swap 函数来交换两个变量的值。而是使用了一个临时变量 t，用 t 保存 a[i]的值，用 a[i]保存 a[j]的值，再把 t 里的值放回 a[j]中。实际测试发现，这样比 swap 函数的运行速度还要稍快一点儿。

另外，上文的算法分析并没有考虑数组中有相同元素的情况。其实即使有相同的元素，算法的正确性依旧没有问题。在 i 和 j 两个指针变量移动的过程中，当遇到和基准元素相同的元素时，停在当前元素上，一会儿依旧做交换。最终划分的效果是，所有元素中，不大于基准元素的会被换到基准元素的左边，不小于基准元素的会被换到基准元素的右边。事实上，即使遇到和基准元素相同的元素，指针跳过它也是可以的，但是如果数组中有很多和基准元素相同的元素，会导致划分不均匀，算法效率降低，这一情况我们在下文会着重分析。

2.4.2 快速排序的时间复杂度分析

在快速排序过程中，每一次划分都是在一个区间范围内，用基准元素作为比对标准，比它小的元素都放在它的左边，比它大的元素都放在它的右边。各自递归左右两部分，直至区间剩下一个元素。上文已经分析过，划分操作的时间复杂度正比于区间长度，但是递归多少层呢？

不妨以 n 个数为例，分析一下时间复杂度。对于第 1 层递归调用，low=1, high=n。不考虑下一层递归，单独看这一层的划分操作，需要 n 次基本计算，并且把数组分成了两部分。这两部分不一定是大小相等的，不过如果数据比较随机，我们期望大致划分到中间位置附近，下一层递归调用就是分别调用左边的一半和右边的一半。在第 2 层的递归调用中，

左边一半的划分需要的计算量是 $n/2$ 次，右边一半需要的计算量也是 $n/2$ 次，第 2 层的总计算量还是 n 次。接下来递归第 3 层。同理，第 3 层有 4 次递归调用，每次的区间长度大概是 $n/4$，需要的总计算量还是 n 次。以此类推，我们发现每层递归调用的计算量都是 n 次，那么一共有多少层呢？如果每一次递归调用的划分都足够均匀，则层数应该以 2 为底的 n 的对数，所以总共大概是 $\log n$ 层，总的时间复杂度应该是 $O(n\log n)$。

请大家思考一下，如果待排序的数组不是散乱的，而是比较均匀的（极端例子，假设它是已经排好的数组），那么快速排序的效率是更高还是更低呢？直觉上，如果一个数组已经排好序了，再拿来排一次序，应该是不花时间的，或者是速度非常快的，实际上真是如此吗？

由图 2.28 可见，已经排好序的数组如果进行一次划分，由于基准元素一开始就是在最左边的，而区间里面没有比基准元素更小的元素了，划分完成以后基准元素还是在最左边。在下次递归调用时，基准元素左边没有元素，基准元素右边全部调用到下一层，下一层的区间长度只少了 1。如果一开始有 n 个数，总共需要调用 n 层，每层划分的时间复杂度是 $O(n)$，最终时间复杂度反而达到了 $O(n^2)$。

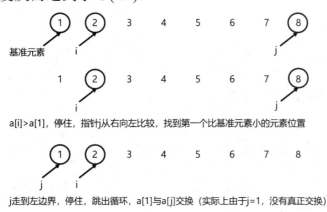

图 2.28 有序数组的划分

在日常生活中，大多数情况下不会出现一个已经排好序的数组需要再次排序的情况。但是为了避免极端情况下的性能退化，同时也为了避免在算法竞赛中出题人故意使用已排好序的数据，可以不选取第一个数作为基准元素，而是选取当前区间中间的数。一个不用改程序主体部分的小技巧是，选取当前区间[left,right]中间的数，与区间第一个数进行交换，之后的代码就和前面一样了。这样即使输入的数据是有序的，我们依旧可以划分得比较均匀。

例 2-10

题目名字：P1177 【模板】快速排序。

题目描述：

利用快速排序算法将读入的 N 个数从小到大排序后输出。

快速排序算法是参加算法竞赛的必备算法之一（请不要试图使用 STL，虽然可以使用 sort 函数 "走捷径"，但是这样做掌握不了快速排序算法的精髓）。

输入格式：

第 1 行为 1 个正整数 N；第 2 行包含 N 个空格隔开的正整数 a_i，为需要进行排序的数。

输出格式：

将给定的 N 个数从小到大输出，数字之间用空格隔开，行末换行且无空格。

输入样例：

5

4 2 4 5 1

输出样例：

1 2 4 4 5

说明/提示：

对于 20% 的数据，$N \leqslant 10^3$；

对于 100% 的数据，$1 \leqslant N \leqslant 10^5$，$1 \leqslant a_i \leqslant 10^9$。

完整示例代码如下：

```cpp
#include<cstdio>

using namespace std;
int a[100005];

void qsort(int low, int high) {
    if (low < high) {
        int tmp = (low + high) / 2;          //tmp 是区间中间的元素
        int t = a[low];                       //把 tmp 和第 1 个元素交换
        a[low] = a[tmp];
        a[tmp] = t;
        int x = a[low];                       //选择 x 作为基准元素
        int i = low + 1;                      //i 指向 x 右边第 1 个元素
        int j = high;                         //j 指向最后一个元素
        while (true) {
            while (i <= high && a[i] < x) i++;   //i 越过小于基准元素的数
            while (j >= low && a[j] > x ) j--;   //j 越过大于基准元素的数
            if (i >= j) break;                   //当 i 和 j 错位时，停止
            t = a[i];                            //交换 a[i]和 a[j]
            a[i] = a[j];
            a[j] = t;
            i++;                                 //i 向右走
            j--;                                 //j 向左走
        }
        t = a[low];                              //交换 a[j]和 a[low]
        a[low] = a[j];
        a[j] = t;
```

```
        if (low < j - 1) {
            qsort(low, j - 1);      //如果左边有不止一个数，递归调用左边
        }
        if (j + 1 < high) {
            qsort(j + 1, high);     //如果右边有不止一个数，递归调用右边
        }
    }
}

int main() {
    int n;
    scanf("%d", &n);
    for (int i = 0; i < n; i++) {
        scanf("%d", &a[i]);
    }
    qsort(0, n - 1);
    for (int i = 0; i < n; i++) {
        printf("%d ", a[i]);
    }
    printf("\n");
    return 0;
}
```

大家可能会感到奇怪，既然 STL 中已经提供了 sort 函数，为什么还需要自己写一遍呢？确实，在实际的工作和比赛中，如果只是单纯需要排序，我们的首选应该是直接使用 sort 函数，而不是自己写一个快速排序的函数。但是学习算法本身依旧是很重要的，因为我们可以仿照这种思想去快速解决其他问题。

例 2-11

题目名字：P1923 求第 k 小的数。

题目描述：

输入 n（$1 \leqslant n \leqslant 5000000$，且 n 为奇数）个数字 a_i（$1 \leqslant a_i \leqslant 10^9$），输出这些数中第 k 小的数（最小的数是第 0 小的）。

输入样例：

5 1

4 3 2 1 5

输出样例：

2

朴素的做法应该是，先把整个数组排序一遍，然后找排在第 k 位的数字，这种方式的时间复杂度是 $O(n\log n)$，事实上，如果只需要知道排在第 k 位的数字，而不是知悉所有数字的位置，理论上的计算量应该会比对整个数组排序小很多。

优化的做法是，在快速排序过程中的某一次递归时，先做一次划分，用基准元素将数组分为两部分，左边小于或等于基准元素，右边大于或等于基准元素，分别计算出左右两边的数量。假设区间里总共有 m 个数字，要找第 k 小的，基准元素左边有 x 个元素。如果 k 正好等于 $x+1$，说明基准元素就是答案，直接返回即可；如果 x 小于 k，说明前面小于基准元素的数量不够，答案在基准元素右边，应该去右边递归，找第 $k-x-1$ 大的；如果 x 大于 k，说明答案在左边，递归左边，找第 k 大的。按照上述方法，每次左右两边只需要递归调用一半。第 1 层递归划分的区间长度是 n，第 2 层是 $n/2$，第 3 层是 $n/4$，以此类推，总的时间复杂度是 $O(n)$，而上文提到的直接排序的做法，时间复杂度是 $O(n\log n)$，可见优化后的方法快 $\log n$ 倍。示例代码如下：

```cpp
#include <iostream>
#include <cstdio>
#include <algorithm>

using namespace std;
const int MAXN = 5e6 + 5;
int n, k, a[MAXN];

//在[low,high]范围内找第 m 大的数，最小的是 m=0
void qsort(int low, int high, int m) {
    if (low < high) {
        int tmp = (low + high) / 2;
        int t = a[low];
        a[low] = a[tmp];
        a[tmp] = t;
        int x = a[low];
        int i = low + 1;
        int j = high;
        while (true) {
            while (i <= high && a[i] < x) i++;
            while (j>=low && a[j] > x) j--;
            if (i >= j) break;
            t = a[i];
            a[i] = a[j];
            a[j] = t;
            i++;
            j--;
        }
        t = a[low];
        a[low] = a[j];
        a[j] = t;
        if (low < j - 1 && m < j - low) {
            qsort(low, j - 1, m);
        }
        if (j + 1 < high && m > j - low) {
            qsort(j + 1, high, m - (j - low + 1));
```

```
        }
    }
}

int main() {
    scanf("%d%d", &n, &k);
    for (int i = 0; i < n; ++i) {
        scanf("%d", &a[i]);
    }
    qsort(0, n - 1, k);
    printf("%d\n", a[k]);
    return 0;
}
```

2.5　STL

　　算法竞赛并不依赖于编程语言，使用不同的编程语言都可以参赛。在国内 NOI 系列竞赛发展历史上，Pascal、C、C++都是可以使用的语言。从 2022 年开始，NOI 系列比赛只允许使用 C++语言。国外的比赛，例如美国的 USACO 竞赛，也是支持多语言的，不过 C++语言依旧是主流语言。越来越多的选手选择 C++语言，一方面的原因是 C++语言运行效率高，另一方面的原因是 C++语言中提供了很多库，常用的快速排序函数 sort 就存放于 STL 中的<algorithm>库中，相比之下，C 语言就需要选手手写很多函数，不仅耽误时间，而且死记硬背的环节过多，不能体现选手在算法思路上的真实水平。

　　本节就介绍几种常用的、省时高效的 C++语言内置函数和容器，供大家在竞赛中使用。

2.5.1　algorithm 头文件中的函数

1. 填充数组函数 fill

使用方法：

$$fill(a+first,a+last+1,x);$$

作用：将数组 a 区间[first,last]中所有元素赋值为 x。示例如下：

```
int a[10];
fill(a,a+10,1);        //将数组中的 a[0]～a[9]赋值为 1
for(int i=0;i<10;i++){
   cout<<a[i]<<" ";
}
输出:
1 1 1 1 1 1 1 1 1 1
```

这个函数的效果等价于使用 for 循环给每个位置赋值。不过相对于自己写循环，这样会节约一些代码，而且库函数往往比我们自己写的代码运行效率更高（虽然可能只是常数级别的优化）。

2．部分排序函数 partial_sort

使用方法：

$$partial\_sort(a+first,a+mid+1,a+last+1);$$

作用：将数组 a 区间[first,mid]中所有元素排序。示例如下：

```
int a[]={8,7,6,5,4,3,2,1};
partial_sort(a,a+3,a+8);
for(int i=0;i<8;i++){
  cout<<a[i]<<" ";
}
输出：
1 2 3 8 7 6 5 4
```

请注意，这个函数的含义，并不是把数组中[first,mid]区间的元素进行内部排序，而后面的部分不管。它的效果类似于先把整个区间[first,last]都排序，然后[first,mid]区间存放前 mid 个数。不过它比把整个数组完整排序要快，因为在快速排序的过程中，如果函数发现自己正在处理的数字已经不属于前 mid 个了，就会直接停止，而不是像普通的排序函数一样把整个数组的每个位置都排好。在上述示例中可以发现，前 3 个数是排好顺序的，但是 mid 后面的元素就没有进行排序了。该函数适用于一些要求把所有元素排序，但是只输出前几个的题目。

3．查找第 n 大元素函数 nth_element

使用方法：

$$nth\_element(a+first,a+mid,a+last+1);$$

作用：将数组 a 区间[first,last]中第 mid+1 大的元素放在 a[mid]位置上。示例如下：

```
int a[]={8,7,6,5,4,3,2,1};
nth_element(a,a+3,a+8);
cout<<a[3]<<endl;
输出：
4
```

4．二分查找函数 binary_search

使用方法：

$$binary\_search(a+first,a+last+1,x);$$

作用：在有序数组 a 区间[first,last]中查找 x。如果找到，返回值为 true；否则返回值为 false。示例如下：

```
int a[]={8,7,6,5,4,3,2,1};
sort (a, a+8);
if(binary_search(a,a+8,5)){
```

```
        cout<<"found"<<endl;
}
else{
        cout<<"404 not found"<<endl;
}
输出:
found
```

请注意,在使用 binary_search 函数之前,必须保证数组是有序的,通常我们都会先排序再使用这个函数。另外,该函数只能判断查找的元素是否存在,不能返回具体的位置,所以并不常用。它的时间复杂度是 $O(\log n)$。

5. 查找下界函数 lower_bound

使用方法:

$$\text{lower\_bound(a+first,a+last+1,x);}$$

作用:在有序数组 a 区间[first,last]中找到第一个大于或等于 x 的元素,返回其地址。示例如下:

```
int a[]={8,7,6,5,4,3,2,1};
sort(a, a+8);
//排序完成以后数组变成 1 2 3 4 5 6 7 8
cout<<lower_bound(a,a+8,3)-a<<endl;
输出:
2
```

如果 x 存在,就返回 x 的地址。如果和 x 相等的元素有多个,返回下标最小的地址。如果不存在和 x 相等的元素,返回比它大的第一个元素的地址。注意函数的返回值是地址,一般我们要把返回值减去数组开头的地址,换算成下标。另外,该函数对 vector 也是适用的,参数可以传入 vector 的开头和结尾迭代器。示例如下:

```
vector<int> a;
for(int i = 8;i >= 1;i--){
    a.push_back(i);
}
sort(a.begin(), a.end());
//排序完成以后数组变成 1 2 3 4 5 6 7 8
cout<<lower_bound(a.begin(), a.end(), 3) - a.begin()<<endl;
输出:
2
```

6. 查找上界函数 upper_bound

使用方法:

$$\text{upper\_bound(a+first,a+last+1,x);}$$

作用:在有序数组 a 区间[first,last]中找到第一个大于 x 的元素,返回其地址。示例如下:

```
int a[]={8,7,6,5,4,3,2,1};
sort (a, a+8);
```

```
//排序完成以后数组变成 1 2 3 4 5 6 7 8
cout<<upper_bound(a,a+8,3)-a<<endl;
输出:3
```

该函数同样支持 vector。

7. 序列归并函数 merge

使用方法:

$$merge(a+first1, a+last1+1, b+first2, b+last2+1, c);$$

作用:将有序数组 a 区间[first1, last1]与有序数组 b 区间[first2, last2]归并成新的有序数组 c。示例如下:

```
int a[]={1,3,5,7,9};
int b[]={2,4,6,8,10};
int c[10];
merge(a,a+5,b,b+5,c);
for(int i=0;i<10;i++){
    cout<<c[i]<<" ";
}
输出:
1 2 3 4 5 6 7 8 9 10
```

8. 去重函数 unique

使用方法:

$$unique(a+first, a+last+1);$$

作用:对于有序数组 a 中相邻的重复元素,只保留一个(第一个)。示例如下:

```
int a[]={1,2,1,2,3,4,3,5};
sort (a, a+8);
int len=unique(a,a+8)-a;
for(int i=0;i<len;i++){
    cout<<a[i]<<" ";
}
输出:
1 2 3 4 5
```

unique 函数去掉的是相邻元素中重复的,所以如果对一个数组去重的话,需要先排序,保证重复的元素都是相邻的,再使用 unique 函数。它的效果是:对于数组中相邻的重复元素,只保留第一个,其他的元素从数组中删除。请注意,这里的"删除",并不会改变数组的大小,其实是用下一个不重复的元素进行替代。另外,unique 函数是有返回值的,它的返回值是前面所有不同元素中最后一个元素的后一个元素的地址,所以用它的返回值减去数组开头的地址,就可以得到不同元素的个数(代码中的 len)。

9. 倒序函数 reverse

使用方法:

reverse(a+first, a+last+1);

作用：将数组 a 区间[first,last]前后顺序颠倒。示例如下：

```
int a[]={8,7,6,5,4,3,2,1};
reverse(a, a+8);
for(int i=0;i<8;i++){
    cout<<a[i]<<" ";
}
输出：
1 2 3 4 5 6 7 8
```

2.5.2　容器

除了算法以外，在 C++语言的标准模板库中还内置了一些容器。容器就是可以存储数据的数据结构，上文介绍过 vector、stack 和 queue 这 3 种线性容器。除此之外，C++语言还提供 set 和 map 这 2 种树形结构的容器。

set 的术语是集合，其内部是一棵平衡树（一种比较高级的数据结构），保存一些元素的有序集合。如果 set 内存储的元素个数是 n 个，那么插入一个新元素，或者查找某个元素是否存在，这两个操作的时间复杂度都是 $O(\log n)$。如果重复插入相同的元素，只保留一个。在使用 set 之前，需要先引用头文件<set>，创建 set 变量，使用它的方法与前面介绍过的线性容器类似。下面列出常用的函数：

```
#include<set>
set<int> s;              //新建 set
s.insert(5);             //在集合 s 中添加元素 5
s.clear();               //清空
s.empty();               //判断集合 s 是否为空
s.size();                //获取集合 s 里面元素的个数
s.count(42);             //获取集合 s 中 42 出现的次数(最多一次)
s.begin();               //第一个元素的迭代器
s.end();                 //最后一个元素的后一个元素的迭代器
```

需要注意的是，count 函数的返回值是一个整数，这个整数表示参数在集合中出现的次数，所以该函数的返回值事实上只能是 0 或者 1，0 代表不存在，1 代表存在。

set 的作用主要是"判重"，用于维护一个集合、插入一些元素、查询某个元素是否在集合里等，并且要求插入和查询都尽可能快。

除了 set 以外，还有一个容器 map，术语是映射。它里面存储的不是单一的元素，而是键值对（key-value pair），就是一个"键"和一个"值"存储在一起。其中的键是用来索引查询的，值是附加在键上面的。大家可以把 map 理解为一个高级版本的 set，除了 set 原有的功能以外，在 set 的每个位置上还附加了一个值。

使用之前还是需要先引用头文件<map>，在创建 map 变量时，尖括号里放两个类型，用逗号隔开，分别是键的类型和值的类型。它的插入和查询的时间复杂度都是 $O(\log n)$，其

中 n 是 map 中元素的个数。插入元素有两种方式，一种是用 insert 函数；另一种则是类似数组的语法，数组中括号里面是键，等号赋值的是值，示例代码如下：

```
#include<map >
map<string,int> m;              //新建映射 m，将 string 类型变量映射到 int 类型
m.clear();                      //清空
m.empty();                      //判断映射 m 是否为空
m.count("hello");               //获取映射 m 中 key hello 出现的次数(最多一次)
m.size();                       //获取映射 m 里面元素对的个数
//使用 insert 函数语法插入元素
m.insert(make_pair("hello",0)); //在映射中添加一对元素，将 hello 映射到 0
//使用数组语法插入和获取元素
m["hello"]=0;                   //hello 映射到 0
m["hello"]                      //获取 hello 对应的值
```

如果要查询某个键是否存在，可以用 count 函数，参数是要查询的键。如果要访问某个键对应的值，还是可以使用数组语法。每个键只能绑定一个值，如果同一个键插入了一个新的键值对，则只保留后面插入的。大家可以把 map 理解成一个下标是任意类型的数组。

例 2-12

题目名字：P1918　保龄球。

题目描述：

DL 常常到体育馆去打保龄球解闷。他打保龄球已经坚持了几十年，为了避免枯燥便想玩点儿新花样。

DL 的视力真的很不错，竟然能够数清楚在他前方 10m 左右每个位置的瓶子的数量。他突然发现这是一个炫耀自己好视力的新玩法——看清远方瓶子的个数后从某个位置发球，这样就能击倒完全符合预期数量的瓶子（俗称"指哪儿打哪儿"）。

1 号位置：OOO

2 号位置：OOOO

3 号位置：O

4 号位置：OO

每个 "O" 代表一个瓶子。如果 DL 想要击倒 3 个瓶子就在 1 号位置发球，想要击倒 4 个瓶子就在 2 号位置发球。

现在他想要击倒 M 个瓶子。他告诉你每个位置能击倒的瓶子数，请你给他一个发球位置。

输入格式：

第 1 行包含 1 个正整数 n，表示位置数。

第 2 行包含 n 个正整数，第 i 个数表示第 i 个位置能击倒的瓶子数 a_i（假设各个位置能击倒的瓶子数不同）。

第 3 行包含一个正整数 Q，表示 DL 发球的次数。

第 4 行至文件末尾，共 Q 行，每行包含 1 个正整数 M，表示 DL 需要击倒 M 个瓶子。

输出格式：

共 Q 行。每行包含 1 个整数，第 i 行的数表示 DL 第 i 次的发球位置。若无解，则输出 0。

输入样例：

5

1 2 4 3 5

2

4

7

输出样例：

3

0

说明/提示：

对于 50% 的数据，$1 \leq n$、$Q \leq 1000$，$1 \leq a_i$、$M \leq 10^5$；

对于 100% 的数据，$1 \leq n$、$Q \leq 100000$，$1 \leq a_i$、$M \leq 10^9$。

本题如果采用最朴素的顺序查找法，每一次询问的时间复杂度都是 $O(n)$，总共 Q 次询问的总时间复杂度是 $O(Qn)$，势必出现超时情况。有人可能会想到用二分查找的方法优化，建立结构体数组，保存每一个位置的保龄球数量和它的初始位置两个字段，根据保龄球数量从小到大排序，二分查找进行 Q 次询问，时间复杂度为 $O(Q\log n)$。二分查找写起来会比较麻烦，使用映射的方法可以大大加快编程速度。

每一个发球位置能击倒的保龄球数量都会对应一个位置编号，例题中假设了各个位置的瓶子数不同，我们可以将保龄球数量作为键（key），依次按输入顺序映射到它的位置。每一次询问时，输出每一个 key 所对应的值（value）即可。示例代码如下：

```cpp
#include<iostream>
#include<map>
using namespace std;
int main(){
    int n,i,q,x;
    map<int,int> m;
    cin>>n;
    for(i=1;i<=n;i++){
        cin>>x;
        m[x]=i;
    }
    cin>>q;
    for(i=1;i<=q;i++){
```

```
        cin>>x;
        cout<<m[x]<<endl;
    }
    return 0;
}
```

2.6 本章习题

（1）贪心算法：

  P1181 数列分段

  P1223 排队接水

（2）高精度计算：

  P1591 阶乘数码

  P1096 Hanoi 双塔问题

（3）STL 容器：

  P1978 集合

  P1097 统计数字

  CF749D Leaving Auction

  P2580 于是他错误的点名开始了

  CF1003D Coins and Queries

  CF499B Lecture

  CF977F Consecutive Subsequence

  CF1005C Summarize to the Power of Two

  CF988C Equal Sums

  CF589A Email Aliases

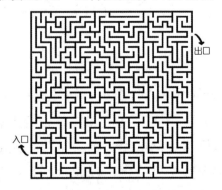

第 3 章

搜索算法

搜索算法是一种"优雅"的暴力算法，它的核心思想是枚举，按照一定的顺序，不重不漏地枚举每一种可能的答案，最终找到一个问题的所有解。但是这个枚举并不是靠多层循环，而是靠递归或者队列来实现的。

搜索算法是一种比较通用的算法，能解决很多问题，尤其当一些问题暂时没有想到正解时，可以先用搜索算法写一份暴力代码，能处理较小数据规模的情况，之后再去找规律。

3.1 深度优先搜索

深度优先搜索（Depth First Search，DFS）是搜索算法的一种简单的实现方式，它的思想是先尽量尝试比较"深"的答案。

3.1.1 迷宫寻路与烤鸡问题

相信大家小时候都玩过迷宫游戏，图 3.1 所示迷宫的左下角附近有一个入口，右上角附近有一个出口，要求从入口走到出口。迷宫寻路有很多策略，其中有一个非常有趣的策略是"右手策略"：走到迷宫的入口处，闭上眼睛，用右手摸着右边的墙，一直走，一定能走出去。这个策略初看非常没道理，它背后是什么原理呢？

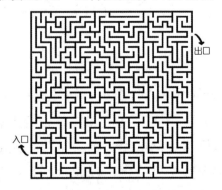

图 3.1　迷宫

迷宫里面有很多岔路口，对于每个这样的路口，我们把它们看成一个个点。岔路口和岔路口之间，有路相连，不需要关心这些路是如何拐弯的，只关心点与点之间的相邻关系。这时候迷宫就可以被抽象成类似一棵树的结构，如图3.2所示。

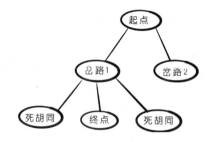

图3.2 迷宫的抽象结构

从起点出发向下走，假设有两条路可以选，分别指向岔路1和岔路2，根据右手策略，我们选择靠右的路，走到岔路1位置。此时继续按照右手策略，结果不小心走到了死胡同。因为我们是闭着眼睛在走，这时候我们并不知道走到了死胡同，不过没关系，因为右手一直贴着墙，我们可以从这个死胡同绕出来，回到岔路1位置，此时右手摸着墙会尝试走岔路1的右边第2条路，于是走到了终点。

这是一个比较简短的例子，但是通过这个例子我们可以看出右手策略的原理：（1）遇到死胡同会自动走回去，回到上一个路口。（2）对于每个路口，优先尝试比较靠右的路，继续往深处走。如果走回来了，继续尝试靠右的第2条路、第3条路……直到枚举完所有选择，如果还是没有找到出口，再回到上一个路口，尝试上一个路口的下一条路。

这样我们可以看到，右手策略是有效的，它的思想就是深度优先搜索。

深度优先搜索是把一个需要解决的问题看成一个多步决策问题（见图3.3）。要解决一个大问题，需要把这个问题分成几步，而每一步都有若干种不同的决策方式。我们没有一个好的方法去计算哪个决策方式是正确的，所以就把所有决策方式都枚举一遍，并且按照某个顺序依次枚举。

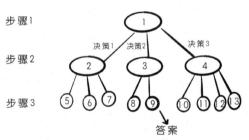

图3.3 多步决策问题

从图3.3中可以看到，对于步骤1，有3种不同的决策方式，我们选择决策1，走到步骤2的2号位置。这时候又有3种不同的决策方式，还是先尝试第1种，走到5号位置，发现不是答案，于是退回2号位置，尝试第2种决策，走到6号位置，发现还不是答案，于是退回2号位置，继续尝试走到7号位置，发现也不是答案，退回2号位置。此时2号位置所有可能都尝试了一遍，继续后退回1号位置，尝试1号位置的下一种可能性，走到

3 号位置，继续尝试第 1 种决策，走到 8 号位置，退回 3 号位置，再走到 9 号位置，这时候找到了答案。如果只需要找到一个答案，那么现在就可以退出程序了，如果需要找到所有的答案，则回到 3 号位置继续运行程序。

深度优先搜索的含义是，当我们每次走到一个位置时，总是先选择一种决策方式，然后继续向深处走，尝试下一步的决策，直到走到最深处。看一个例子：

例 3-1

题目名字：P2089 烤鸡。

题目描述：

猪猪 Hanke 特别喜欢吃烤鸡（同为牲畜，相煎何太急），Hanke 对烤鸡有一套特别的评判标准，制作烤鸡共有 10 种配料（芥末、孜然等），每种配料可以放 1~3g，Hanke 认为，烤鸡的美味程度等于所有配料质量之和。

现在，Hanke 想要知道，如果指定一个美味程度 n，请输出这 10 种配料的所有搭配的方案数，以及每一种方案。输出方案的时候，每个方案 1 行，每行 10 个数字，分别表示每种调料放多少克。

输入样例：

11

输出样例：

```
10
1 1 1 1 1 1 1 1 1 2
1 1 1 1 1 1 1 1 2 1
1 1 1 1 1 1 1 2 1 1
1 1 1 1 1 1 2 1 1 1
1 1 1 1 1 2 1 1 1 1
1 1 1 1 2 1 1 1 1 1
1 1 1 2 1 1 1 1 1 1
1 1 2 1 1 1 1 1 1 1
1 2 1 1 1 1 1 1 1 1
2 1 1 1 1 1 1 1 1 1
```

因为固定有 10 种配料，而每种配料可以放的克数是 1~3g，一个比较简单的暴力算法就是直接使用 10 层 for 循环，第 i 层循环枚举第 i 种调料放多少克。在 10 层循环里判断 10 个循环变量相加以后是否正好等于 n，如果是就输出答案。不过写 10 层循环，这样的代码不是很优雅。

 提 示

优雅与暴力

算法竞赛按测试点给分。对于一道题目，出题人会设计一些输入数据和输出数据。把输入数据输入程序中，检查输出结果和标准答案是否完全一致。只要一致就会通过对应测试点，所有测试点都通过就能拿到这道题的满分。所以算法竞赛并不关心程序是怎么写的，只要运行结果正确就可以。在比赛过程中，如果真的想不到比较优雅的处理方式，可以用暴力的方法，拿到分数就是王道。不过在平时的学习和练习过程中，尽量还是用优雅的方式处理问题。

思路分析：

容易发现，本例题正好可以看成一个多步决策问题。10 种配料，每种配料要考虑放多少克，正好可以看成 10 步，每步进行一个决策。为了方便描述，假设只有 3 种调料，总共要放 5g，可以画出搜索过程，如图 3.4 所示。

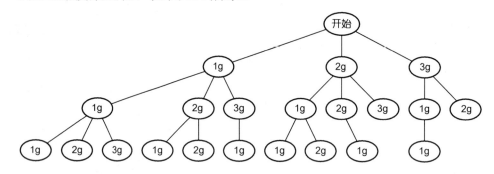

图 3.4　搜索过程

可以看到，不算根结点，这棵树有 3 层，分别表示对 3 种调料放多少克的决策。

首先从开始的位置来到第 1 层的 1g，接着往深处走，来到第 2 层的 1g，再往深处走，来到第 3 层的 1g，这时候 3 个决策都做完了。总共放了 3g，不是答案，于是回到第 2 层，继续往下走，在第 3 层放 2g，总共放了 4g，依旧不是答案。回到第 2 层，再走到第 3 层的 3g 位置，这时候发现总共放了 5g，我们找到了一个答案，可以在当前位置输出。

但是题目中要求我们输出所有的答案，所以现在还不能停。回到第 2 层 1g 位置，此时该位置向下的 3 种决策都已经遍历完毕，再回到第 1 层 1g 位置，向下走到第 2 层 2g 位置，再向下走到第 3 层 1g 位置，发现不是答案。回到第 2 层，向下走到第 3 层 2g 位置，此时 1g+2g+2g=5g，又找到一个答案。回到第 2 层 2g 位置，注意此时不能再往下走了，因为总共只有 5g，在第 3 层没有放 3g 的决策。所以我们可以看出，这棵树并不是每个点都有 3 个孩子。

依次访问每一个点，找到所有的答案，剩下的过程不再赘述。这个完整的过程就是深度优先搜索（DFS），那么这个过程如何通过程序实现呢？我们发现在 DFS 的过程中，每

一层的做的事情都是相同的，即找到所有决策方式，再去下一层。仅仅在最后一层有所不同，需要检验当前路径上的决策是否构成答案。在实际代码实现中，我们通常多走一层，比如有 n 步决策，我们走到第 $n+1$ 层的时候判断是否为答案。这样前面 n 层的逻辑统一，可以用一个递归函数实现。

在这个递归函数中需要表示现在在第几层，用参数 k 表示，在这一层要选择目前第 k 种调料放多少克。另外需要记录当前还剩多少克调料没有用掉，用参数 g 表示。另外题目中要求我们先输出答案的组数，再输出每一组答案，所以需要在全局变量区记录答案的组数 cnt，并且用一个二维数组 result 记录每一组答案。每个位置可以放 1~3g 调料，那么每个位置有 3 种方案。总的位置有 10 个，因此总的方案数最大也不会超过 $3^{10}=59049$，所以这个数组预留 60000 行，每行 10 个格，用来装一组答案，表示 10 种调料分别放多少克。代码示例如下：

```
#include<iostream>

using namespace std;
int a[11];                              //记录当前的决策，数组 a[i]表示第 i 种调料
目前放了多少克
int results[60000][11];                 //存放所有的答案，每组答案一行。答案总数不
超过 3¹⁰=59049，数组预留 60000 行足够
int cnt;                                //答案的总数

void dfs(int k, int g) {                //k 表示在第几层，g 表示现在还剩多少克调料
    int i;
    if (k == 11) {                      //如果走到第 11 层，说明 10 种调料都放完了
        if (g == 0) {                   //此时正好所有调料用完，找到答案了
            for (i = 1; i <= 10; i++) {
                results[cnt][i] = a[i]; //循环 10 次把答案记录到数组 result 的第
cnt 行
            }
            cnt++;                      //多了一组答案
        }
    } else {
        for (i = 1; i <= 3 && i <= g; i++) {//循环 1 到 3
            a[k] = i;                   //在 a 数组当前第 k 层的位置放 i 克调料
            dfs(k + 1, g - i);          //继续去下一层，层数加 1，克数减 i
        }
    }
}

int main() {
    int n, i, j;
    cin >> n;
    if (n >= 10 && n <= 30) {
        dfs(1, n);                      //通过深度优先搜索找到所有答案
        cout << cnt << endl;            //输出答案组数
        for (i = 0; i < cnt; i++) {     //循环输出每组答案
```

```
        for (j = 1; j <= 10; j++) {
            cout << results[i][j] << " ";
        }
        cout << endl;
    }
} else {
    cout << 0 << endl;                    //如果不是 10 到 30 之间，肯定没有答案
}
return 0;
}
```

我们观察 dfs 函数，它的两个参数的含义已经解释过了。通常 dfs 函数的框架都是先判断递归的出口，也就是是否走到第 n+1 层。如果已经走到第 n+1 层，就判断目前是否已经找到答案。由于参数 g 表示现在还剩多少克调料，所以判断是否找到答案就很简单，只要看所有调料是否用完即可。如果用完了，把当前数组 a 复制到数组 result 的第 cnt 行。数组 a 称为工作数组，在 DFS 的过程中，这个数组的值会不停被修改，表示当前的状态，每次走到一层，就在这个数组对应的位置写上当前层的决策。而如果我们在 DFS 过程中回到前一层，再次走到这个位置，这个位置的数字就会被新的决策覆盖。当走到第 n+1 层时，数组 a 正好记录了本次 DFS 到当前位置的过程中所有层的决策。

如果未走到第 n+1 层，则在当前位置枚举所有决策。这里有个小小的优化，就是当前层放的调料数量不能大于 g，这样我们每层的决策可能不够 3 个，这个优化也体现在了前面的决策树中，树上每个点的孩子个数不一定有 3 个，甚至有的位置都走不到第 n+1 层就会提前结束。这个思路叫作剪枝，可以一定程度上减少程序的运行时间。下文会详细介绍剪枝的思路。

当 DFS 结束以后，在主函数里面输出 cnt，表示答案的总数，再循环输出数组 result 里的所有方案。

3.1.2　全排列问题与回溯

在例 3-1 中，每一层的决策是相互独立的，即每一层的决策不会影响到下一层的决策。当然严格意义上并不是没有影响，毕竟前面用的调料多了，后面能用的就少了。这里的没有影响是指，第 k 层如果用了 u 克调料，第 k+1 层可以随便选择用多少克，只要不超过调料的总克数即可。而不是第 k 层用了 u 克调料，第 k+1 层就不能用 u 克调料了。

但是在有的问题中，决策是相互影响的，前面用过的数字，后面就不能再用了。比如经典的全排列问题：

例 3-2

题目名字：P1706 全排列问题

输入一个数字 n，输出 1 到 n 的全排列。以 n=3 为例，输出如下：

```
1 2 3
1 3 2
2 1 3
2 3 1
3 1 2
3 2 1
```

思路分析：

有 n 个数字需要全排列，也可以看成一个多步决策问题：有 n 个位置需要放数字，每个位置放一个，决策每个位置放什么数字。

还是用例 3-1 中类似的思路，写一个递归函数做 DFS，用一个数组 a 表示当前每一层的决策，函数的参数是 k，表示目前走到第几层，即现在正在枚举第 k 个位置要放的数字。当走到第 $n+1$ 层时就可以输出结果了。

现在唯一的问题是，每个数字都只能用一次，前面决策中用过的数字，后面就不能再用了。一个简单的解决方法是，在全局变量区域再加一个 used 数组，如果某个数字 u 在某一层用了，就把 used[u] 赋值为 1。这样在每一层枚举决策时，都先检查一下 used 数组，如果发现这个数字没用过，才能在这一层用，决定使用以后就标记一下。

但是，不难发现，这样做是有问题的，比如我们第 1 次从第 1 层走到最深处，输出了结果 1 2 3 以后，used 数组上 3 个位置都已经标记为 1 了。所以回到第 2 层，尝试在第 2 层放 3，发现 3 不能用，这样 1 3 2 这个结果就算不出来了，如图 3.5 所示。

怎么处理呢？其实当我们递归回到上一层的时候，所有对于 used 数组的标记都应该清除，因为现在已经在尝试新的方法了，之前做的标记已经没有意义了。每次递归进入深一层时，进行标记；从深处返回后，清除标记。这个做法就叫作回溯，如图 3.6 所示。

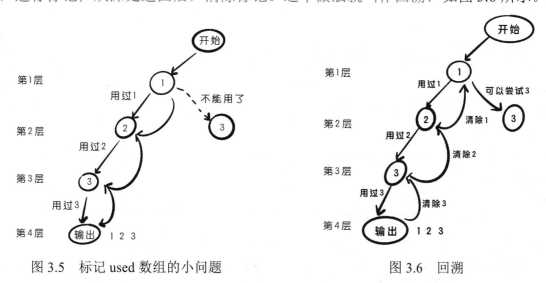

图 3.5 标记 used 数组的小问题   图 3.6 回溯

代码示例如下：

```
#include <cstdio>

using namespace std;
int n;
int a[15];                          //记录每一层决策的工作数组
int used[15];                       //记录每个数字是否用过的标记数组

void f(int k) {                     //k 表示目前正在放第几个数
    if (k == n + 1) {               //如果走到第 n+1 层，找到了结果
        for (int i = 1; i <= n; ++i) {
            //输出时%5d 表示输出每个数字场宽为 5
            //场宽表示每个数字最少占用多少位字符，如果数字长度不够 5 位，输出的时候会
在前面自动补空格
            printf("%5d", a[i]);
        }
        printf("\n");
        return;
    }
    for (int i = 1; i <= n; ++i) {  //尝试在第 k 个位置放 i
        if (!used[i]) {             //如果 i 没用过
            a[k] = i;               //在当前位置放 i
            used[i] = 1;            //标记 i 用过了
            f(k + 1);               //去下一层
            used[i] = 0;            //回溯，把标记清除
        }
    }
}

int main() {
    scanf("%d", &n);
    f(1);
    return 0;
}
```

3.1.3 洪水填充（Flood Fill）算法

目前我们遇到的 DFS 都是沿着一个方向（一维）做多步决策，下面我们考虑一个二维的例子。

例 3-3

题目名字：P1451 求细胞数量

题目描述：

一矩形阵列由数字 0~9 组成，数字 1~9 代表细胞。细胞的定义：细胞数字的上下左右若还是细胞数字，则均属于同一细胞。求给定矩形阵列的细胞个数（$1 \leqslant m$、$n \leqslant 100$）。

输入格式：

整数 m, n。

m 行×n 列的矩阵。

输出格式：

细胞的个数。

输入样例：

4 10

0234500067

1034560500

2045600671

0000000089

输出样例：

4

 思路分析：

首先理解一下题意，本题中数字 1～9 并没有什么区别，都代表细胞。而数字 0 代表空白。如果有一片非 0 数字上下左右至少有一条边相邻，这些非 0 数字就是一个细胞。可以看出样例中总共有 4 个细胞。下面我们用不同字体或记号把不同细胞标记出来，加粗的 11 个数字是 1 个细胞，左边斜体的 2 个数字是 1 个细胞，右上角加粗且斜体的 2 个数字是 1 个细胞，右下角具有下划线的 6 个数字是 1 个细胞。

02345000*67*

*1*0**34560**5*00*

*2*0**45600**671

0000000089

如果给我们一个二维数组，如何确定有多少个细胞呢？从一个点出发，如果它是细胞，就应该去看它周围上下左右 4 个方向的位置，如果这 4 个方向可以到达一个细胞数字，那么它们就属于同一个细胞。而这些上下左右的位置又可以继续向上下左右扩展。对于每个细胞数字，其处理逻辑是一致的，都是先标记自己，然后尝试扩展到相邻点。那么就可以用递归的思路解决问题。

洪水填充（Flood Fill）算法，就是用类似的思路来解决问题的算法。洪水填充算法的思路比较有趣：我们想象当前的二维数组是一张地图，平铺在纸面上。地图上所有 0，以及地图的边界，都是高耸的山峰（高地），从纸面上拔地而起，而所有的细胞数字都是洼地。我们按照从上往下，从左往右的顺序去看，找到第一个洼地，如果按照题目中的样例，就找到了第 1 行第 2 列的数字 2。假设天空中有一个巨大的水龙头，有洪水从水龙头中倾泻而下，正好浇落在数字 2 的上方，洼地开始积水，而水会向四周蔓延，由于上面、左面和下面都是高地，水就只能蔓延到第 1 行第 3 列的数字 3 上面。水流到这个位置会继续蔓延，流到右边的数字 4 和下面的数字 3 上……以此类推，把第一个细胞的所有位置都灌满水。

接下来，水龙头移动，去寻找下一个没有水的洼地，然后再从一个位置开始放水，直到将所有相邻的洼地都灌满水……

在代码实现上，除了原来的二维数组 field 存放地图信息以外，我们通常还会创建一个二维数组 color，表示每个点是否有水。当访问一个洼地时，如果这个洼地已经有水了，就不再访问，保证每个细胞里的位置只被访问一次，而不是无限循环。因此，数组 color 只需要两种不同的值，0 表示这个位置没有水，1 表示有水。实际上，在代码实现的时候，还有一个小技巧，叫作染色。染色就是认为对于每个细胞，水的颜色是不同的。第一个细胞经过的所有位置，在数组 color 中标 1。下一个细胞经过的所有位置，在数组中标 2……这样我们在整张地图访问完毕以后，不光可以知道有多少个不同的细胞，对于任意一个点，我们可以根据它的颜色知道它是第几个细胞。并且可以记录一些其他有用的信息，比如每种颜色的面积。

另外还有一个处理二维问题的小技巧，叫作偏移量数组。对于一部分二维问题，我们经常需要从一个点出发，寻找它周围的 4 个点或者 8 个点。假设当前点在第 x 行第 y 列，坐标为(x,y)，我们想继续访问它上下左右 4 个点，坐标分别为(x+1,y)、(x-1,y)、(x,y+1)、(x,y-1)，顺序无所谓，不分先后，一个直接的方法就是把代码重复写 4 遍，分别处理 4 种情况。可以应用偏移量数组，通过一个 for 循环来实现。具体的原理是，观察从当前点到新点的坐标的"变化量"，第一维坐标的变化量是{+1,-1,0,0}，第二维坐标的变化量是{0,0,1,-1}。把这两组数据分别记为 dx 和 dy 数组。接下来循环 4 次，每次在当前坐标(x,y)的基础上，分别加上 dx 和 dy 数组对应点的数，得到新点的坐标(xx,yy)。

代码示例如下：

```cpp
#include <iostream>

using namespace std;
const int MAXN = 105;
int m, n;
char field[MAXN][MAXN];        //输入的地图信息，每个位置用一个 char 类型变量来保存
int color[MAXN][MAXN];         //颜色信息，记录每个点属于哪个细胞，0 表示未曾访问过或者是高地
int dx[] = {1, -1, 0, 0}; //dx 和 dy 数组记录从一个点扩展到上下左右 4 个点的时候，行和列的变化量
int dy[] = {0, 0, 1, -1};
int colorCount;                //颜色的总数，即细胞的总数

//x 和 y 是当前正在有水进入的点
void floodFill(int x, int y) {
    color[x][y] = colorCount;      //把当前点涂上现在的颜色
    for (int k = 0; k < 4; ++k) {    //遍历上下左右 4 个方向
```

```
        int xx = x + dx[k];              //新点的行
        int yy = y + dy[k];              //新点的列
        if (xx > 0 && xx <= m && yy > 0 && yy <= n) {//如果新点没出界
            if (color[xx][yy] == 0 && field[xx][yy] >= '1' && field[xx][yy] <= '9')
{
                //如果新点没有水，而且是细胞
                floodFill(xx, yy);       //继续往新点灌水
            }
        }
    }
}

int main() {
    cin >> m >> n;
    for (int i = 1; i <= m; ++i) {
        for (int j = 1; j <= n; ++j) {
            cin >> field[i][j];
        }
    }
    for (int i = 1; i <= m; ++i) {
        for (int j = 1; j <= n; ++j) {
            if (field[i][j] >= '1' && field[i][j] <= '9' && color[i][j] == 0) {
                //找到一个是细胞，并且还没有水的位置，那么这个位置是新细胞
                colorCount++;            //细胞数量加1，并且也代表下一个细胞的颜色加1
                floodFill(i, j);   //从这个点开始灌水
            }
        }
    }
    cout << colorCount << endl;//输出细胞数量
    return 0;
}
```

3.1.4　八皇后问题与剪枝

再考虑一个经典问题。一个 8 行 8 列的国际象棋棋盘，要在棋盘上放 8 个皇后，要求这些皇后相互之间不能攻击到。大家如果不熟悉国际象棋的规则，这里简单做一个介绍：国际象棋中的皇后，是一个攻击范围比较大的棋子。如果将皇后放在棋盘中某个格子里，它能攻击到所有和它同一行、同一列，或者同一对角线上的其他棋子。在图 3.7 中，粗点位置上的皇后，可以攻击到 4 条交叉线条上的任何一个棋子。

现在要在八行八列的棋盘上放 8 个皇后，显然每一行不可能出现 2 个皇后，否则它们会相互攻击，也就是说，我们只需要决定每行的皇后放在第几列即可。但是这个问题看起来并没有一个算法可以直接计算。

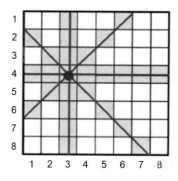

图 3.7 皇后的攻击范围

既然如此，我们选择使用搜索算法，尝试每一个位置。首先将问题转换成一个多步决策问题，一共有 8 行，每行要决定皇后所在的列，那么就可以把它看成 8 步，每行是一步问题。放下第 1 行的皇后以后，再去放第 2 行的皇后。放下第 2 行的皇后以后，再去放第 3 行的皇后……每一行的决策有 8 种情况，分别是把皇后放在第 1 列，第 2 列，…，第 8 列。

如何存储中间结果和答案呢？由于本题只关心每一行的皇后放在第几列，所以只需要建立一个数组 a，数组 a 的 i 号位置存储当前第 i 行的皇后放在第几列。例如，a[1]=3，说明第 1 行的皇后放在第 3 列。需要注意的是，这个数组是需要回溯的。在递归到叶子结点后，输出数组 a 即为答案。

按照这个思路，一共需要枚举 8 层，每层要枚举 8 个位置，总的方案数是 $8^8 = 16777216$。但是实际上，很多方案是不可行的，比如在第 1 行第 1 列放了皇后以后，第 2 行第 1 列再放皇后就是不可行的，它们会相互攻击。这样再往下考虑第 3 行到第 8 行其实也没有意义了，因为即使下面的决策相互之间不会有冲突，只要前两行冲突就一定是非法方案。所以在搜索过程中，当我们考虑某一行的决策时，要先检查与前面的决策是否冲突，必须保证这个决策到目前为止是可行的。对于非法的位置，在当前行不用放置，这样在后续行中，也不用考虑从这个非法位置开始的方案了。这个过程很像在一个搜索树中，只要遇到一个不合理的位置，直接把以它为根的子树从搜索树中剪掉，所以这个操作叫作剪枝。通过剪枝，我们可以减少搜索的状态总数，节约程序运行时间。

如何判断放置方案是否为可行解呢？从题中可知，对于每一个皇后，要求与它同行、同列、同主副对角线上都没有其他皇后。同行的问题好解决，我们的搜索算法是按行递归的，自然每行中只放置一个。对于判断同列是否有其他皇后，可以建立数组 col 解决，如果要在第 x 列放置皇后，就将 col[x] 赋值为 1，表示第 x 列有皇后。在第 x 列放置皇后前，需要判断 col[x] 的值是否为 1，如果为 1，说明已经有皇后放置在第 x 列，则不能放置；如果为 0，说明可以放置。需要注意的是，如果我们决定在第 x 列放置皇后，需要将 col[x] 赋值为 1 并进行递归。而在递归完成后判断下一列是否可以放置之前，需要将 col[x] 的值重新赋为 0。

同一列是否有其他皇后放置的问题解决了，那么主副对角线上是否可以放置皇后的问题该如何解决呢？不妨记一个点所在的行是第 x 行，所在的列是第 y 列，通过观察对角线上的点的坐标性质可以发现，处在同一副对角线（从右上到左下）上的点的 $x+y$ 相等。例如，图 3.7 中第 1 行第 6 列到第 6 行第 1 列的对角线，这一对角线上所有点的 $x+y$ 都等于 7。同一主对角线（从左上到右下）上所有点的 $x-y$ 相等。例如，图 3.7 中第 2 行第 1 列到第 8 行第 7 列的对角线，这一对角线上所有点的 $x-y$ 都等于 1。这样，所有的主对角线都可以用上面每个点的 $x-y$ 的值表示，所有的副对角线都可以用上面每个点的 $x+y$ 的值表示。我们用数组 d1 记录每一条主对角线上是否有皇后，用数组 d2 记录每一条副对角线上是否有皇后。如果要在一个 $n×n$ 的棋盘的第 r 行第 i 列上放置皇后，那么首先需要判断它所在的主对角线是否有皇后，即 d1[r−i+n] 是否为 1，如果为 1 则表示主对角线上已有皇后，无法放置。同理，判断副对角线上是否已有其他皇后则需要判断 d2[r+i] 是否为 1。与表示列的数组 col 一样，数组 d1 和数组 d2 也需要在递归前标记和在递归后回溯。这里请注意，数组 d1 不能直接用 r−i 作为下标，因为 r−i 有可能是负数。为了防止数组越界，统一加上一个 n 的偏移量。另外，数组 d2 最大可能的取值是 $x+y$，所以数组 d2 的长度至少应该为 $2×n$。

对于八皇后问题的代码实现，我们只需要用深度优先搜索算法，传递参数 r 表示当前要在第几行放置皇后，搜索到第 $r+1$ 行即说明前 r 行的放置为可行解，已到达叶子结点，输出答案即可。函数内使用循环从 1 到 n 枚举当前行的皇后放置在哪一列，并依次判断这个位置所在的列和主、副对角线上是否已有其他皇后，如果有，则肯定不是可行解，直接跳过即可。如果都没有，则将皇后放置在此处，标记 col、d1、d2 数组，并进行递归。同时记住递归返回后要回溯。代码示例如下：

```cpp
#include <cstdio>
#include <cstring>

using namespace std;
int n;
int cnt;//答案个数
//存储目前每行皇后所在的列，a[1]表示第 1 行
int a[15];
//标记每列是否有皇后
int col[15];
//标记每条主对角线是否有皇后
int d1[30];
//标记每条副对角线是否有皇后
int d2[30];

void dfs(int r) {
    if (r == n + 1) {//当来到第 n+1 行时，说明前面都已经顺利放置完皇后了
        if (cnt < 3) {//本题要求输出前 3 个答案
            for (int i = 1; i < n; i++) {//循环输出答案
                printf("%d ", a[i]);
            }
            printf("%d\n", a[n]);
```

```
        }
        cnt++;      //答案个数加 1
        return;
    }
    for (int i = 1; i <= n; i++) {
        if (col[i] == 1 || d1[r - i + n] == 1 || d2[r + i] == 1) {
            //如果当前列、主对角线或者副对角线放置过皇后了，跳过
            //这里的剪枝可以大大减少搜索的状态总数
            continue;
        }
        a[r] = i;
        col[i] = d1[r - i + n] = d2[r + i] = 1;         //标记
        dfs(r + 1);                                     //递归
        a[r] = col[i] = d1[r - i + n] = d2[r + i] = 0; //回溯
    }
}

int main() {
    scanf("%d", &n);
    cnt = 0;
    dfs(1);
    printf("%d\n", cnt);
    return 0;
}
```

3.1.5 数独问题

接下来再来考虑一个经典的二维问题——数独。

数独的规则是，在 9×9 的棋盘中，已经给出了一些数字，要求在每个空白格子中填入数字 1～9。保证其每行、每列、每个 3×3 的小九宫格中都没有重复的数字，如图 3.8 所示。

3		8						9
	4			6				
		7						5
2	7		4	1	9			
	9	3			6	4		1
	8		2	5		6		
9			1	3	5	7	8	2
8		2	9	4		3	5	6
7		5	6	8	2			4

图 3.8 数独（洛谷题号 P1784）

首先，如何储存输入的棋盘和我们填写的数字呢？与八皇后问题不同，数独问题的每一个格子均需要填写数字且数字各不相同，更加复杂。怎样解决呢？其实我们多加一维，创建一个二维数组 a 即可。即 a[i][j]=k 表示第 i 行第 j 列的格子填写了数字 k。

　　接下来我们来理解一下题意，思考一下如何进行搜索。在八皇后问题中，我们以一行为一步，在行中使用 for 循环枚举列，这是因为一行中只可以放置一个皇后。而对于数独问题，一行中每一个格子都要填写数字，而且数字有 9 种决策，因此无法按行分步。对于这种更复杂的情况，我们按格子进行分步，在搜索时输入 2 个参数 i、j，表示目前正在处理第 i 行第 j 列的格子，在搜索函数中使用 for 循环枚举填写的数字 k 并判断是否为可行解。

　　下一步，如何判断是否为可行解呢？按照题目要求，每一行、列、九宫格中不能出现同样的数字。想要使行、列中没有重复的数字，通过创建二维数组 r[i][k] 和 c[j][k] 就可以实现。如果第 i 行中已经有数字 k，则将 r[i][k] 赋值为 1，反之为 0。同理，如果第 j 列中已经有数字 k，则将 c[j][k] 赋值为 1，反之为 0。接下来我们来解决九宫格中不允许有重复数字的问题。我们将整个 9×9 的棋盘看成 9 个 3×3 的九宫格，可以发现，9 个小九宫格在棋盘上是按 3×3 排列的。于是，我们便可以创建三维数组 b[x][y][k] 表示第 x 大行，第 y 大列的九宫格中是否出现过 k 这个数字。如何判断当前格子处于哪个九宫格中呢？通过观察发现，对于第 i 行第 j 列的格子，如果 i 小于或等于 3，那么它处于第 1 大行，如果 i 大于 3 小于或等于 6，处于第 2 大行。如果 i 大于 6，处于第 3 大行。同理，列也是相同的计算方法。我们通过如下计算即可快速地算出第 i 行第 j 列的格子位于哪个九宫格中。

　　x=1+(i>3)+(i>6);

　　y=1+(j>3)+(j>6);

　　这里利用了 C++ 语言的一个特性：如果判断情况为真，这个判断的值为 1，反之值为 0。

　　还需要解决 3 个细节问题。第 1 个问题是在递归搜索完一行中的所有列后如何进行下一行搜索呢？很简单，在进入函数时就进行判断，如果 $j>9$ 说明当前行已经搜索完毕，调用 dfs(i+1,1) 即可。第 2 个问题是什么时候说明已经找到答案了呢？当 $i>9$ 时，说明整个棋盘的 9 行 9 列已经搜索完毕，我们再加一个 if 语句进行判断，如果 $i>9$，表示已经到达叶子结点，输出答案（数组 a）即可。第 3 个问题是如果当前格子是题目中已经给出数字的格子该怎么办？再加一个 if 语句进行判断，如果 a[i][j] 不等于 0，说明目前正在解决的格子是题目中已经给出数字的，直接跳过它，调用函数 dfs(i,j+1) 即可。

　　需要注意的是，和很多搜索问题一样，我们要在搜索函数的 for 循环中枚举填入数字 k 之后，判断是否符合要求，不符合要求则跳过，符合要求则填入，修改数组 a、r、c、b，再进行递归调用。在递归调用后，要记得将数组改回原来的值进行回溯。代码示例如下：

```cpp
#include <iostream>
#include <cstdlib>

using namespace std;
int a[10][10];//用来保存结果的数组
int r[10][10];//r[i][k]记录第 i 行是否用过 k
int c[10][10];//c[j][k]记录第 j 列是否用过 k
int b[10][10][10];//b[x][y][k]记录第 x 大行、第 y 大列的九宫格内是否用过 k
```

```cpp
void dfs(int i, int j) {
    if (i > 9) {//如果找到答案了
        for (int x = 1; x <= 9; ++x) {
            for (int y = 1; y <= 9; ++y) {
                cout << a[x][y] << " ";
            }
            cout << endl;
        }
        //当程序运行到 exit(0)时，整个程序立即结束，相当于在主函数中返回 0
        //这个函数在 cstdlib 头文件里
        exit(0);
    } else if (j > 9) {              //如果一行已经结束了
        dfs(i + 1, 1);               //直接去下一行
    } else if (a[i][j] != 0) {       //如果这个位置已经填好了
        dfs(i, j + 1);               //直接去下一个位置
    } else {
        for (int k = 1; k <= 9; ++k) {
            //尝试在当前位置放 k, boxRow 表示这个位置对应小九宫格的行
            int boxRow = 1 + (i > 3) + (i > 6);
            //boxCol 表示这个位置对应小九宫格的列
            int boxCol = 1 + (j > 3) + (j > 6);
            if (r[i][k] == 0 && c[j][k] == 0 && b[boxRow][boxCol][k] == 0) {
                //如果这个位置可行，标记并且递归
                r[i][k] = c[j][k] = b[boxRow][boxCol][k] = 1;
                a[i][j] = k;
                dfs(i, j + 1);
                //回来以后回溯，清除标记
                a[i][j] = r[i][k] = c[j][k] = b[boxRow][boxCol][k] = 0;
            }
        }
    }
}

int main() {
    for (int i = 1; i <= 9; ++i) {
        for (int j = 1; j <= 9; ++j) {
            cin >> a[i][j];
            int boxRow = 1 + (i > 3) + (i > 6);
            int boxCol = 1 + (j > 3) + (j > 6);
            int k = a[i][j];
            //对于已经输入的数字，直接标记
            r[i][k] = c[j][k] = b[boxRow][boxCol][k] = 1;
        }
    }
    dfs(1, 1);
    return 0;
}
```

3.1.6　剪枝

学习完简单的深度搜索及其在二维棋盘上的处理方法之后，接下来正式介绍优化搜索的常见方法——剪枝。

首先来看一个经典问题：

例 3-4

题目名字：P1118 [USACO06FEB]数字三角形。

题目描述：写出一个 1 至 N 的排列 a_i，每次将相邻两个数相加，构成新的序列，再对新序列进行同样的操作，显然每次构成的序列都比上一次的序列长度少 1，直到只剩下一个数字位置。下面是一个例子：

3,1,2,4

4,3,6

7,9

16

最后得到 16 这样一个数字。

现在想要倒着玩这样一个游戏，如果知道数字个数 N（假设是 4），并且知道最后得到的数字的大小 sum，请求出最初排列 a_i。若答案有多种可能，则输出字典序最小的那一个。

 思路分析：

刚看到这道题是否感觉到手足无措？首先我们要理解一下题意，通过反复读题能够找到两个要点。首先，第一行是 1~N 的排列，也就是说第一行的数字是固定的，区别只是顺序问题。其次，我们要找到字典序最小的答案。通过以上两点能够得出一个初步的结论：这个游戏是对称的，一个序列左右翻转以后，答案不变。比如 1，2，3，4 和 4，3，2，1。这两个排列计算到最后，答案是一样的。

既然最后一行的数字 sum 只与第一行有关，第一行确定了，sum 就能确定。现在是已知 sum，要反过来求第一行，而第一行又一定是一个 1~N 这 N 个数字的全排列。那么很直观的一个暴力方法，就是枚举 1~N 的全排列，根据题目中描述的规则，计算出每一个排列的最终结果，如果最终结果正好是题目中给定的 sum，那么这个排列就是答案。枚举的时候按照字典序枚举，第 1 个数字从小到大尝试，第 1 个数字确定以后，第 2 个数字从小到大尝试，以此类推，找到的第 1 个合法的全排列就是字典序最小的答案。

那么接下来我们是否要直接进行暴力枚举呢？先别着急，这道题的 N 是 13，稍微有点儿大，枚举全排列可能会超时。这里我们给出解决问题的一个小技巧，这个技巧也将一路伴随大家。那就是，"举例是理解的试金石"。刚刚我们通过观察和举例长度为 4 的序列找出了数字三角形游戏的对称性，我们可以再枚举几个排列来观察它的其他性质。除此之外，还有一种举例技巧，用字母来代替具体数字。不妨假设第一行是 a、b、c、d，观察其数学性质。可以发现，如果第一行是 a、b、c、d，则第 2 行是 a+b、b+c、c+d，第 3 行是 a+2b+c、b+2c+d，第 4 行是 a+3b+3c+d。也就是说，我们并不需要按照题目的描述一行一行地计算，只要确定了第一行的数字 a、b、c、d，就可以直接乘对应的系数 1、3、3、1，来得到最后一行的结果。

再枚举一下 N=5 的情况，容易发现，5 个数字对应的系数分别是 1、4、6、4、1。我们也可以继续去计算其他情况，之后会发现，其实这些数字前面的系数，正好对应杨辉三角（见图 3.9）某一行上的所有数字。

$$
\begin{array}{ccccccccccc}
& & & & & 1 & & & & & \\
& & & & 1 & & 1 & & & & \\
& & & 1 & & 2 & & 1 & & & \\
& & 1 & & 3 & & 3 & & 1 & & \\
& 1 & & 4 & & 6 & & 4 & & 1 & \\
1 & & 5 & & 10 & & 10 & & 5 & & 1 \\
\end{array}
$$

1　6　15　20　15　6　1
1　7　21　35　35　21　7　1
1　8　28　56　70　56　28　8　1
1　9　36　84　126　126　84　36　9　1

图 3.9　杨辉三角

当 N=4 时，"1 3 3 1"是杨辉三角第 4 行的数字。当 N=5 时，"1 4 6 4 1"是杨辉三角第 5 行的数字。由此我们得出结论，对于一个给定的数字 N，可以直接用杨辉三角得到每个数字前面对应的系数，而杨辉三角的每行数字是和组合数相关的，可以直接用公式计算出来。对于题中给定的数字 N，所有系数分别是 $C_N^0, C_N^1, \cdots, C_N^N$。

预处理出每个数前面的系数，并枚举第一行的序列，判断其是否等于给出的 sum。计算组合数的公式为 $C_n^m = \dfrac{n!}{m!(n-m)!}$。将每个位置的系数存储为 yanghui 数组，可以大幅度优化计算过程。

搜索的过程很自然地想到从前往后以第一行的每一个位置为一步，搜索函数里枚举当前位置要使用的数字。用数组 used[i]表示是否已经使用了数字 i，使用了赋值为 1，反之为 0。同时使用数组 a 存储已经填写的答案。如果已经搜索到了第 N+1 层且加权的和等于 sum，说明我们已经填写完了整个序列并且符合题目要求。由于函数内的 for 循环是从小到大的，符合题中的字典序要求，因此输出答案并终止程序即可。

不过这样做依旧会超时，因为我们只节约了数字三角形从第一行按顺序计算到最后的时间，但是依旧要枚举所有全排列。能否进一步优化呢？

可以考虑剪枝。剪枝的意思是，在遍历的过程中，发现某个当前走到的结点不满足题目中的条件，则以此结点为根的子树内，都不可能存在答案，所以可以直接跳过整个子树，而不用继续把子树内部所有可能性试一遍。例如，我们现在的策略是枚举完排列以后，计算当前排列是不是答案，这样比较慢。能不能一边枚举，一边计算现在的部分结果呢？如果在枚举前几个数的过程中，已经发现不可能是答案了，后面的数就不用枚举了。

对于这道题，由于没有负数，我们可以在搜索过程中维护变量 current，保存当前已经枚举的所有数字乘以对应位置的系数的和，如果 current 已经超过了 sum，继续搜索就没有意义了，因为再加上新的数字，最后全排列枚举完以后的和肯定会大于 sum，所以可以直接跳过。

需要注意的是，这道题也需要回溯。代码示例如下：

```cpp
#include <iostream>
#include <cstdlib>

using namespace std;
typedef long long ll;
ll n, sum;
ll yanghui[15];         //该数组保存杨辉三角第 N+1 行的所有数字
ll a[15];               //工作数组，保存当前枚举的全排列
ll used[15];            //标记每个数字是否用过

//求阶乘的函数
ll factor(ll x) {
    ll p = 1;
    for (ll i = 1; i <= x; ++i) {
        p *= i;
    }
    return p;
}

// a 个数中取 b 个数的组合数
ll comb(ll a, ll b) {
    return factor(a) / (factor(b) * factor(a - b));
}

ll current;

void dfs(ll r) {
    if (r == n + 1) {//走到 N+1 层了
        if (current == sum) {//正好发现答案
            for (ll i = 1; i <= n; ++i) {//输出答案
                cout << a[i] << " ";
            }
            exit(0);//找到一个答案就可以结束程序了，这个答案一定是字典序最小的
        }
    } else {
        //在当前位置尝试放数字 i
```

```
        for (ll i = 1; i <= n && current + yanghui[r] * i <= sum; ++i){
            //current + yanghui[r] * i <= sum 是关键剪枝
            //current 已经超过 sum 了
            //再往后走只会比 sum 更大，就不用继续循环了
            if (used[i] == 0) {
                current += yanghui[r] * i;
                a[r] = i;
                used[i] = 1;
                dfs(r + 1);
                current -= yanghui[r] * i;//回溯
                a[r] = 0;
                used[i] = 0;
            }
        }
    }
}

int main() {
    cin >> n >> sum;
    for (int i = 1; i <= n; ++i) {//预处理这行的每个数的系数
        yanghui[i] = comb(n - 1, i - 1);
    }
    dfs(1);
    return 0;
}
```

3.2 宽度优先搜索

宽度优先搜索（Breadth First Search）也是搜索的一种方式，与上文提到的深度优先搜索的不同点在于搜索的方向。深度优先搜索的特点是，每次走到一个位置以后，总是尽可能向深处走，一直尝试下一层的决策，直到遇到不合法的位置或者无法找到答案。而宽度优先搜索是先尝试在本层枚举，如果本层没有答案，则去下一层枚举下一层的所有可能性。它的特点是能找到"最近"的答案。

3.2.1 找眼镜

这里用一个例子来解释深度优先搜索和宽度优先搜索的不同。小博近视很严重，一旦离开眼镜就什么都看不见了。有一天小博的眼镜突然掉了，应该如何寻找呢？如果使用深度优先搜索策略，就是从当前位置出发，蹲下身子，不停向前走，一边走一边摸地板，看看能不能摸到眼镜。如果没有找到，就继续往前走，直到撞墙为止。撞墙以后，往后退一步，换一个方向继续往前走，直到摸到眼镜或者撞墙为止……

而使用宽度优先搜索策略，则是从眼镜掉落的位置开始，蹲下，伸手摸周围的一圈，看看能否找到眼镜。如果找不到，把手稍微伸远一点儿，再摸一圈，看看能否找到，这样逐渐增加搜索的范围，一圈一圈寻找眼镜的位置。可以看到，这种搜索方式，总是将同一层先搜索完，如果没有答案，再去下一层搜索。这一思路叫作宽度优先搜索，在一些文献中也叫广度优先搜索。

3.2.2 马的遍历

相信大家小时候都下过象棋，象棋中马的走法是"日"字形，即横向走一格，竖向走两格或竖向走一格，横向走两格。现在的问题是对于一个 $n×m$ 的棋盘，在某个点上有一个马，要求计算出马到达棋盘上任意一个点最少要走几步。输入 n、m 和马处于的位置（x，y），输出到达棋盘上所有点的步数，无法到达的点输出-1（洛谷题号 P1443）。

对于这个问题，如果使用搜索算法，很自然地将马走的每一步视为搜索中的一步。结合题目中的要求我们可以从（x，y）处开始，此时步数为0。从该点出发，向8个方向走一步，新到的点的步数等于现在的步数加1，再从新到的点出发，向8个方向各走一步，以此类推，走完所有可能情况，即可找到答案。如果使用深度优先搜索策略，同一个点可能会被多次遍历。例如，从 A 点能走到 B 点，那么从 B 点也能走回 A 点，如果程序写得不好可能会无限递归。另外，我们不能保证第一次走到某点花费的是最少步数，因此不得不和之前的步数比较，如果发现一条更好的路，就要从这个位置开始重新走一遍，会产生重复计算。假设在之前的搜索过程中，花费8步走到 A 点，从 A 点又花费1步到达 B 点，这样得出 B 点的答案是9步。现在，我们发现了一条新的路径，只需要6步就能到达 A 点，更新 B 点的答案为7步。这样会引起连锁反应，因为一旦到达 B 点的路径变短了，它能到达的点的答案也要重新计算……

而如果使用宽度优先搜索策略，问题会简化很多。从起点出发能到达的8个位置，步数都是1。在一个二维数组上记录这8个位置的最小步数。分别从这8个位置出发，继续前进，如果它能到的点之前没有到过，则在数组上标记步数，这个步数也是最小的（两步）。请注意，访问点的顺序和之前不同，先访问所有1步能到达的点，然后用这8个点去计算所有两步能到达的点。而不是像深度优先搜索一样，先从起点前进到一个1步能到达的点，再立刻从这个点出发，去它能到达的下一个点……

等所有1步能到达的点都向前一步扩展完毕，我们就得到了所有2步能到达的点。接下来，再从这些点出发，去找到所有3步能到达的点，并且标记下来。这样，每一次到达一个新的点时，一定走的就是最短路径，并且没有重复计算的过程。因此，这种从起点出发向外走一圈，再在第一圈基础上继续向外走一圈，以"宽度"为优先的搜索算法，区别于一下"戳"到底、以"深度"为优先的搜索算法，我们称为宽度优先搜索。

具体的实现方式是对每一步设置一个"状态"，这个"状态"需要包含搜索所需要的必要属性。并设置一个队列存储这些"状态"，每次从队头取出一个"状态"向四周搜索更新"状态"，并将更新的"状态"添加到队尾。利用队列先进先出的特点，自然而然地实现了宽度优先。解决宽度优先问题首先要看是否适用，其次要找到需要存储的"状态"属性。本问题中的"状态"属性包含每个点的坐标（x，y）以及到达此点的步数，很明显，本问题中首次到达（即首次被搜索到）所花费的步数，即为到达此点的最少步数，因此使用 board[x][y]来记录到达坐标（x，y）处的最少步数，"状态"只涉及 x、y 两个属性。

需要注意的是，由于我们是有可能走"回头路"的，在向外搜索时需要注意下一步是否是已经到达过的点，否则走"回头路"可能会造成反复在两点之间走，使程序进入死循环。而对于终止搜索，根据宽度优先搜索的特性，只要处理好棋盘边界和不走"回头路"的问题，当所有点都被搜索完后，队列里将不会再有点，此时队列为空，自然而然会终止搜索。

对于马的遍历问题以及类似的棋盘问题，还有一个小技巧。在枚举棋子朝 8 个不同方向走时，对于 8 个方向需要在 for 循环里修改坐标。此时建立一个 dx 数组和一个 dy 数组，分别表示 8 种走法中每一步的偏移量，在 for 循环中使用 xx 和 yy 表示新的坐标，令 xx=x+dx[i]，yy=y+dy[i]即可进行简洁计算，使得代码修改和查错更加方便快捷。代码示例如下：

```cpp
#include <cstdio>
#include <cstring>
#include <queue>

using namespace std;
int n, m;
//board[x][y]代表走到第 x 行第 y 列的点，最少需要多少步，-1 表示无法到达
int board[405][405];
//dx 数组和 dy 数组用来表示走一步的偏移量，例如，dx[0]=-2，dy[0]=-1
//表示 0 方向每走一步，行减 2，列减 1
int dx[] = {-2, -2, -1, -1, 1, 1, 2, 2};
int dy[] = {-1, 1, -2, 2, -2, 2, -1, 1};

//bfs 不递归，不需要写函数，这里写成函数是为了表述清晰
void bfs(int startX, int startY) {//参数表示起点所在行和列
    //把棋盘所有位置标记为-1
    memset(board, -1, sizeof(board));
    queue<int> q;        //定义一个队列，放入所有目前发现但还没有访问的点
    q.push(startX);      //把起点放入队列里
    q.push(startY);
    board[startX][startY] = 0;//起点的步数标 0
    while (!q.empty()) {
        //只要不空，拿出现在队头的点的行和列
        int x = q.front();
        q.pop();
        int y = q.front();
```

```
            q.pop();
            for (int i = 0; i < 8; ++i) {
                //枚举 8 个方向，计算走一步能到的点的坐标 xx 和 yy
                int xx = x + dx[i];
                int yy = y + dy[i];
                if (xx > 0 && xx <= n && yy > 0 && yy <= m && board[xx][yy] == -1) {
                    //如果坐标没有出界，并且这个新点没有被访问过
                    board[xx][yy] = board[x][y] + 1;//新点的步数等于当前步数加 1
                    q.push(xx);//新点放入队列
                    q.push(yy);
                }
            }
        }
    }

int main() {
    int x, y;
    scanf("%d%d%d%d", &n, &m, &x, &y);
    bfs(x, y);
    for (int i = 1; i <= n; ++i) {
        for (int j = 1; j <= m; ++j) {
            //输出时%5d 表示输出的每个数字场宽为 5
            //场宽表示每个数字最少占多少位字符，如果数字长度不够 5 位，输出时会在前面
自动补空格
            //场宽前面加负号表示数字在 5 个字符位置中左对齐
            printf("%-5d", board[i][j]);
        }
        printf("\n");
    }
    return 0;
}
```

3.2.3　01 迷宫

接下来使用宽度优先搜索策略解决二维棋盘问题，并且学习一个优化技巧。有一个仅由数字 0 与 1 组成的 $n \times n$ 的迷宫。若棋子位于一格 0 上，则可以移动到相邻 4 格中的某一格 1 上。同样，若棋子位于一格 1 上，则可以移动到相邻 4 格中的某一格 0 上。任务是：对于给定的迷宫，询问从某一格开始能移动到多少个格子（包含自身）。会有 m 个询问，需要输出 m 行，对于每个询问输出相应的答案（洛谷题号 P1141）。

首先要关注一点，这道题目当中有 m 个询问。对于每个询问，我们可以用之前介绍过的深度优先搜索算法或者宽度优先搜索算法，找到每个它能到达的点。每走到一个点，计数器加 1，搜索完成以后，即可知道它能到达的点的数量。但是考虑一下最坏情况，如果棋盘是类似国际象棋的样子，每个 0 的上下左右都是 1，每个 1 的上下左右都是 0，那么每一次询问，都要把整个棋盘遍历一遍，时间复杂度是 $O(n^2)$。洛谷上本题的数据范围 n 是 1000，m 是 100000，那么每次查询的计算量是 10^6，总计算量达到了 10^{11}，这个计算量太大了，一定会超时。

既然对于每个询问都采取暴力搜索的方式会超时。那么很自然的想法是我们预先得到每个点能到达多少个点，在查询时直接输出即可。

如何得到每个点能到达的点的数量呢，从每个点开始都搜一遍显然是不行的，这比刚才的暴力搜索还慢。我们需要观察本题的特性，可以列举 3×3，4×4 的棋盘，并随机给出颜色，标出每个点能到达的点的个数，从而观察 01 迷宫的性质，如图 3.10 所示。

$$1(3)\ 1(5)\ 0(5)$$
$$0(3)\ 0(5)\ 1(5)$$
$$1(3)\ 1(5)\ 1(1)$$

图 3.10　01 迷宫

图中括号里的数字表示从这个点出发能到达的点的个数，通过观察可以发现一个基础特点，相连的"一片点"能到达的点的个数一样。进一步分析可知，这其实是因为点之间的相互到达是有可逆性的。互相能够到达的"一片点"可以形成类似于一个"块"，在这个"块"中的每个点能到达的点的数量相同，都是这个"块"的大小。并且与这个"块"相接触且不在"块"中的点都是其中的点无法到达的。图 3.10 里有 3 个"块"。分别是第一列的 3 个点、右下角的 1 个点和其他 5 个点。

发现这一性质后，我们能想到的解决方法就是上文介绍过的染色法。每个点能够到达的所有点（即一个"块"）染一种颜色，并记录每种颜色对应的点的个数（即每个"块"的大小）。从一个点出发，能扩张到的其他点，都染上这种颜色，直到无法扩张为止（保证每个"块"都是极大的）。用类似于"洪水填充"的方法将整个棋盘的每个点都染色后，对于询问的每个点能达到的点的数量，直接输出其所在块的大小，即为答案。

在代码实现上依然使用宽度优先搜索算法，每一次搜索完成一个"块"的染色，在主函数中遇到未染色的点即调用函数 bfs 进行染色，直到全部棋盘染色完成。使用二维数组 color[x][y]记录每个点的颜色，使用数组 colorCount 记录每个颜色的点的数量。并且建立变量 nextColor 来更新颜色，当 bfs 结束后，通过 nextColor++表示当前颜色已染色完成，下一个"块"使用下一种颜色。

搜索的过程中从队头取出点并向上下左右尝试扩张，如果颜色相同则跳过，不同则染色且将其加入队尾。和马的遍历一样，本题依然可以使用数组 dx、dy 来简洁地解决移动问题。使用二维数组 maze[x][y]来存储点(x，y)的值。代码示例如下：

```cpp
#include <iostream>
#include <cstring>
#include <queue>

using namespace std;
int maze[1005][1005];              //初始化棋盘，记录每个位置是 0 还是 1
int color[1005][1005];             //每个点的颜色，-1 表示没有走到过
int n, m;
int nextColor;                     //下一个颜色的编号
```

```cpp
int colorCount[1000005];                    //每个颜色有多少个点
const int dx[4] = {0, 1, 0, -1};
const int dy[4] = {1, 0, -1, 0};

int bfs(int x, int y) {
    if (color[x][y] != -1) {                //如果当前询问的点已经走到过
        //直接在 color[x][y]数组查到它的颜色，再去 colorCount 数组查答案（该颜色点的
数量）
        return colorCount[color[x][y]];
    }
    int count = 1;                          //否则开始计算，先把自己算上
    queue<int> q;
    color[x][y] = nextColor;                //当前点染当前颜色
    q.push(x);                              //当前点进队列
    q.push(y);
    while (!q.empty()) {
        x = q.front();                      //拿出队头的点(x,y)
        q.pop();
        y = q.front();
        q.pop();
        for (int i = 0; i < 4; ++i) {
            //枚举 4 个方向能到的新点(xx,yy)
            int xx = x + dx[i];
            int yy = y + dy[i];
            if (!(xx > 0 && xx <= n && yy > 0 && yy <= n)) {
                continue;                   //如果(xx,yy)出界了，直接跳过
            }
            //如果走到了一个没颜色的点，并且数字和自己相反
            if (color[xx][yy] == -1 && maze[xx][yy] != maze[x][y]) {
                color[xx][yy] = nextColor;   //染色
                count++;                     //当前颜色对应的点的数量加 1
                q.push(xx);                  //新点进队列
                q.push(yy);
            }
        }
    }
    colorCount[nextColor] = count;          //记录当前颜色对应的答案
    nextColor++;                            //下一个颜色编号加 1
    return count;
}

int main() {
    cin >> n >> m;
    for (int i = 1; i <= n; ++i) {
        for (int j = 1; j <= n; ++j) {
            char c;
            cin >> c;
            maze[i][j] = c - '0';
        }
```

```
    }
    memset(color, -1, sizeof(color));
    nextColor = 0;
    for (int i = 0; i < m; ++i) {
        int x, y;
        cin >> x >> y;
        cout << bfs(x, y)<<endl;
    }
    return 0;
}
```

3.2.4　八数码问题

在解决完以上两种宽度优先搜索问题之后，我们再来解决复杂一些的问题。

在 3×3 的棋盘上，摆有 8 个棋子，每个棋子上标有 1~8 中的某一数字。棋盘中留有一个空格，空格用 0 来表示。空格周围的棋子可以移到空格中。要求解的问题是：给出一种初始布局（初始状态）和目标布局（为了使题目简单，设目标状态为 123804765），找到一种最少步骤的移动方法，实现从初始布局到目标布局的转变（洛谷题号 P1379）。

首先需要思考选择什么搜索方式。有了前面几种经典问题的训练，容易发现，对于本题要求的最短步数的移动方案，使用宽度优先搜索是最自然方便的处理办法。那么宽度优先搜索需要存储的"状态"有哪些呢？很显然，在本题中，我们要通过"空格"来移动数字，当前棋盘的情况以及到当前情况的步数均需要存储。如何同时存储最短的路径长度和当前棋盘状态？自定义结构体即可。同时，我们可以使用字符串来压缩棋盘状态，将每个状态压缩成一个 9 位数，其中空格用 0 表示，例如，用 123654078 表示图 3.11 中的棋盘状态。这个 9 位数可以以字符串（string）形式存储，方便后期交换某些位置。

图 3.11　八数码问题

如何判断状态是否重复出现过？用第 2 章介绍过的集合容器 set 来去重即可，集合内部存储字符串。

怎样从一个状态迁移到另一个状态？还是和前面一样使用 dx、dy 数组（不得不说这真的是一个优雅的方法）。

在代码细节处还有几个地方需要注意。在 bfs 进入循环时就将从队头取出的状态与目标状态进行比较，如果相同就输出答案并终止函数。另外对于位于第 x 行第 y 列的格子，容易发现它在字符串中的下标 position 刚好等于 3x+y。通过这个方式可以快速计算对应位置在字符串中的位置，以便于我们使用内置的 swap 函数进行位置交换。还需要注意的是，在循环枚举交换方向后，将交换得到的新的状态存入队尾。之后需要将这一步的移动改回来，以便枚举下一次移动的方向，类似于回溯。代码示例如下：

```cpp
#include <iostream>
#include <queue>
#include <set>
#include <string>

using namespace std;
struct Step {
    int num;              //num 表示走了多少步到达这个状态
    string status;        //status 是一个表示状态的 9 位字符串
    int x, y;             //x、y 表示 0 所在的行和列
};

int dx[] = {-1, 1, 0, 0};
int dy[] = {0, 0, -1, 1};

int main() {
    string start;                     //起始状态的字符串
    string end = "123804765";         //终止状态的字符串
    cin >> start;                     //输入起始状态
    queue<Step> q;
    for (int i = 0; i <= 8; ++i) {
        //预处理一下，找到起始状态里面 0 的位置
        if (start[i] == '0') {
            int x = i / 3;            //根据字符串中的下标，计算 0 所在的行和列
            int y = i % 3;
            q.push({0, start, x, y}); //起始状态放进队列里
        }
    }
    //set 用来判断每个状态之前是否出现过
    set<string> s;
    s.insert(start);                  //起始状态出现过了，放到 s 里面
    while (!q.empty()) {
        Step p = q.front();
        q.pop();
        if (p.status == end) {        //如果队头就是终止状态，找到答案了
            cout << p.num << endl;
            return 0;
        }
        string t = p.status;          //t、x、y 这 3 个比较短的变量替代比较长的
p.status、p.x 和 p.y，方便之后的程序书写
        int x = p.x;
        int y = p.y;
        int position = x * 3 + y;     //根据 x 和 y 计算 0 在字符串里面的下标
        for (int k = 0; k < 4; ++k) {
            int xx = x + dx[k];       //找到 0 能交换的新位置(xx,yy)
            int yy = y + dy[k];
```

```
        if (xx >= 0 && xx <= 2 && yy >= 0 && yy <= 2) {
            //新位置在字符串里面的下标
            int nextPosition = xx * 3 + yy;
            //在字符串里面交换这两个数
            swap(t[position], t[nextPosition]);
            if (s.count(t) == 0) {
                //如果发现 t 没在 set 里面，说明是新状态，进队
                q.push({p.num + 1, t, xx, yy});
                s.insert(t);//进 set，防止走重复的路
            }
            swap(t[position], t[nextPosition]);//回溯
        }
    }
}
return 0;
}
```

3.3　本章习题

（1）深度优先搜索：

　　　　P1157　组合的输出

　　　　P1036　选数

　　　　P1596 Lake Counting s

　　　　P6566　观星

　　　　P1219　八皇后 Checker Challenge

　　　　P1784　数独

　　　　P1118 Backward Digit Sums G/S

（2）宽度优先搜索：

　　　　P1433　吃奶酪

　　　　P1332　血色先锋队

　　　　P1135　奇怪的电梯

　　　　P1162　填涂颜色

第4章

动态规划

动态规划（Dynamic Programming）不是一个具体的算法，而是一种算法设计思想：牺牲一部分内存空间，存放一些子问题的结果，避免重复计算，从而提升算法运行效率。动态规划在算法竞赛中出现频率高，题目灵活、难度大，主要考查选手的思维能力，而不是考查是否掌握某一种算法。一般情况下，在算法竞赛中，有三分之一到一半的题目都涉及动态规划。大家在学习动态规划的时候，重点不在于某一种具体类型的题目怎么解，而是理解设计算法的思想，做到活学活用。

4.1　动态规划入门

本节以几个熟悉的算法为例，介绍动态规划是如何优化程序运行效率的。

4.1.1　斐波那契数列

斐波那契数列，第一项是 1，第二项是 1，从第三项开始，每一项都等于前两项的和。如果用 f_i 表示斐波那契数列的第 i 项的值，那么有以下分段函数：

$$f_n = \begin{cases} 1, & n \leqslant 2 \\ f_{n-1} + f_{n-2}, & n > 3 \end{cases}$$

这个分段函数是递归的，所以我们很容易以递归的方式写一个函数 f，它的参数是一个整数 n，它的返回值是斐波那契数列第 n 项的值。代码片段如下：

```
int f(int n) {
    if (n == 1 || n == 2) return 1;
    return f(n - 1) + f(n - 2);
}
```

如果调用这个函数进行测试，容易发现，当数字 n 较小时，函数可以很快运行完毕并返回结果。但是当 n 较大时，函数运行速度会很慢。例如，当 n=30 时，可能只需要等待几秒钟。而当 n=40 时，就不知道函数会运行多久了。

当然，如果我们关心程序运行的效率，显然不能靠感觉，而是要分析一下算法的时间复杂度。对于递归函数，分析时间复杂度，通常要计算在整个过程中，函数被调用了多少次。不妨设第一次调用时，$n=6$。那么这一次递归会分别调用 $n=5$ 和 $n=4$ 的函数。进一步地，在 $n=5$ 的那次递归中，又会调用 $n=4$ 和 $n=3$ 的函数……如果我们把完整递归从上向下的调用画成树形图，大概就是图 4.1 的样子。

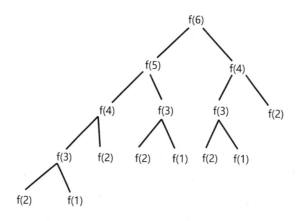

图 4.1　递归树

可以看出，每一次递归调用，都会再递归调用下一层的函数两次，直到遇到 1 或者 2 的时候不再继续递归。不太精确地计算的话，大概每一层递归的调用次数都是上一层的两倍，总共会调用 n 层，也就是说，总的调用次数是在 2^n 这个数量级上。那么递归计算斐波那契数列的算法的时间复杂度是 $O(2^n)$，这个复杂度太高了，只要 n 的值稍微大一些，我们就很难在有限时间内得到结果。

优化的关键在于——寻找重复计算。容易发现，在图 4.1 的递归树中，6 和 5 各自计算了 1 次，4 计算了 2 次，3 计算了 3 次，2 计算了 5 次，1 计算了 3 次。其实有很多的计算是重复的，如果我们能把已经计算得到的结果记下来，递归的时候发现这一项的结果已经算过了，就立刻返回而不是继续递归，那么每个数字都只需要计算一次，时间复杂度就会下降为 $O(n)$。举个例子，如果 $n=40$，优化前的计算量是 $2^{40}=1099511627776$，而优化后的计算量是 40，真是天壤之别！

实现的方式也很简单，在全局变量区创建一个数组 dp，每个位置的初始值都是 0，用数组 dp 的 u 位置来存储已经计算过的斐波那契数列第 u 项的值。每次递归调用，先检查一下这个数组对应的位置是否有值，如果有，直接返回数组中记录过的结果，而不重新计算。否则，进行计算并且把算好的值保存在数组里。代码片段如下：

```
int dp[105];

int f(int n) {
    if (dp[n] != 0) return dp[n];
    if (n == 1 || n == 2) return dp[n] = 1;
    return dp[n] = f(n - 1) + f(n - 2);
}
```

容易发现，这里的代码相比于之前，改动非常少，仅仅是加了一个数组和一个判断，时间效率却优化了很多。通过一块内存空间来保存中间结果，避免重复计算，这就是动态规划的思想。这种写动态规划程序的方法叫作"递归+备忘"，全局变量区的数组 dp 起到的就是备忘录的作用（把所有算过的值都记下来）。

4.1.2　数字三角形

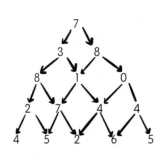

图 4.2　数字三角形

再看一个例题，这道题来自 IOI1994，也就是 1994 年全世界算法竞赛。不必害怕，虽然是世界信息学竞赛总决赛的题目，但随着信息学的发展，现在它已经从世界难题变成基础题目了。如果送大家回到 1994 年的赛场上，相信很多人都可以为国争光做出这道题。题中给定一个数字三角形（见图 4.2），要求从三角形最上方的点出发，每次只能从当前位置走到下一行的相邻的左下方或者右下方的点。问如何决策，能使得走到最下面一行时，沿途经过的所有数字之和最大（洛谷题号 P1216）。

在图 4.2 中，最优路线是 7→3→8→7→5。

很多人的第一反应是使用贪心策略，假设起点是第 1 行的 7，每到一个点都有两种决策方式，走左下方或者右下方，看一下哪一个值更大就走哪边。但是可以看到，在图 4.2 中，如果第 1 步走到 7 右下方的 8，再往下走，怎么都不会得到比前面提到的最优路线更优的解。也就是说，虽然我们每一步决策选择了当前最优的路径，但是局部最优的叠加不一定是全局最优。

第 2 种策略就是暴力枚举，从起点出发，把所有的可能路线尝试一遍，从中挑选最优的路线。这个方法是正确的，但是效率太低。由图 4.2 可见，在第 1 层有两种决策方式，到了第 2 层，之前的每条路径又有两种决策方式，到了第 3 层，每条路径又有两种决策方式。如果总共有 n 层，那么这个暴力枚举算法的时间复杂度是 $O(2^n)$。

不妨把行按照从上到下的顺序编号为 $1\sim n$，把列也按照从左到右的顺序编号为 $1\sim n$。那么对于三角形中第 r 行第 j 列的某个点［不妨记作 (r,j)］来说，从这个点走到最后一行，有很多种方案。每一种方案都可以计算经过的点的总和，我们把这个总和定义为该方案的价值。同时，我们定义价值最大的路线为最优路线。用 $f(r,j)$ 表示从 (r,j) 出发的最优路线的价值。

如何计算 $f(r,j)$ 呢？如果 (r,j) 是最后一行的点，那么 $f(r,j)$ 其实就等于这个点自己的值，因为这一条路径只经过自己一个点。如果 (r,j) 不是最后一行的点，容易发现，从这个点出发的所有路径，都必然经过 $(r+1,j)$ 或者 $(r+1,j+1)$，也就是它左下方或者右下方两个点之一。如果暂时先考虑经过左下方的 $(r+1,j)$，可以发现，所有从 $(r+1,j)$ 出发的路径，向上接上 (r,j) 这个点，就可以得到一个从 (r,j) 出发的路径。也就是说，如果知道 $(r+1,j)$ 出发的最优路径的价值，也就知道了从(r,j)出发的最优路径的价值，它等于f(r+1,j)加上(r,j)这个点上的数字。

对于经过右下方的(r+1,j+1)也是同理，如果知道f(r+1,j+1)，就能计算f(r,j)。对于这两种情况，我们应该取一个最大值，也就是说，看看左下方和右下方，走哪条路径的价值最大，就走哪边。

用一个数组d(r,j)来存放原来的三角形中第r行第j列的值。假设三角形有n行，f(r,j)可以表示成递归的形式：

$$f(r,j)=\begin{cases}d(r,j), & r=n \\ \max[f(r+1,j),f(r+1,j+1)]+d(r,j), & r!=n\end{cases}$$

对于上述递归表达式，可以很容易地写一个递归函数来实现计算，代码示例如下：

```cpp
const int MAXN = 1005;
int d[MAXN][MAXN];
int n;

int f(int r, int j) {
    if (r == n) return d[r][j];
    int x = f(r + 1, j);
    int y = f(r + 1, j + 1);
    return max(x, y) + d[r][j];
}
int main() {
    cin >> n;
    for (int i = 1; i <= n; i++) {
        for (int j = 1; j <= i; j++) {
            cin >> d[i][j];
        }
    }
    cout << f(1, 1) << endl;
    return 0;
}
```

接下来仿照上文斐波那契数列例题的思路，寻找重复计算并进行优化。考虑到上述递归算法中f(r,j)会被重复计算，可以用一个二维数组dp[r][j]去保存计算结果，只要第一次计算出f(r,j)，就把它存入二维数组dp[r][j]中，以后就不用重新计算了。这样，我们保证了对于一组固定的参数r和j，函数f(r,j)只被计算一次。总调用次数约为n^2，时间复杂度降低到$O(n^2)$。按照斐波那契数列例题里"递归+备忘"的写法，可以对上面的函数做如下修改：

```cpp
const int MAXN = 1005;
int d[MAXN][MAXN];
int n;
int dp[MAXN][MAXN];
int f(int r, int j) {
    if (dp[r][j] != -1) return dp[r][j];
    if (r == n) return dp[r][j] = d[r][j];
```

```
        int x = f(r + 1, j);
        int y = f(r + 1, j + 1);
        return dp[r][j] = max(x, y) + d[r][j];
    }
    int main() {
        cin >> n;
        memset(dp, -1, sizeof(dp));
        for (int i = 1; i <= n; i++) {
            for (int j = 1; j <= i; j++) {
                cin >> d[i][j];
            }
        }
        cout << f(1, 1) << endl;
        return 0;
    }
```

请注意，与之前不同的是，在 main 函数中，用 memset 函数将 dp[r][j] 初始化成了-1，这是因为数字三角形中可能有 0，0 可能是一个合法的值，用-1 来表示未计算过（而不是用 0）。对于这类题目，切记需要将 dp[r][j] 初始化为一个不合法的值，来标记这个位置未计算过。

4.1.3 递推+填表

上文提到的"递归+备忘"，是动态规划的一种实现方式。这种方式的好处是，可以很方便地由普通的递归函数转化而来。只需要在题目中发现递归的关系，在递归函数中加上一个判断（如果算过了就不要重复计算了）。

需要注意的是，动态规划是一种思想，并不是一个具体的写法。除了"递归+备忘"，动态规划还有一种实现方式是"递推+填表"。接下来还是以数字三角形为例演示一下这种写法。

仔细分析前面递推的执行过程，容易发现，虽然第一次函数调用是从最上方的(1,1)开始的，但是实际上函数会一路递归到最后一行，先把 dp[r][j] 最后一行填满，然后用最后一行的值来计算第 $n-1$ 行，再用第 $n-1$ 行的值计算第 $n-2$ 行，直到最后回到第 1 行。既然如此，我们就可以不递归了，而是从最后一行开始，直接把对应的值算出来，一行一行往上算，直接把 dp[r][j] 填满。具体的做法是先初始化第 n 行的值，等于数字三角形最后一行上每个位置的值，然后从下往上循环计算，递推公式与之前一样。代码示例如下：

```
cin >> n;
for (int i = 1; i <= n; i++) {
    for (int j = 1; j <= i; j++) {
        cin >> d[i][j];
    }
}
for (int i = 1; i <= n; ++i) {
```

```
        dp[n][i] = d[n][i];//先初始化最后一行
    }
    for (int i = n - 1; i >= 1; --i) {
        for (int j = 1; j <= i; ++j) {
            dp[i][j] = max(dp[i + 1][j], dp[i + 1][j + 1]) + d[i][j];//按照递推公式
倒着填表
        }
    }
    cout << dp[1][1] << endl;
```

可以看到，递推的写法比递归的写法少了很多次的函数调用，这样速度更快。当然它们的时间复杂度是一样的，都是 $O(n^2)$。在一般情况下，动态规划的题目，用递推和递归都是可以的。递归的好处是方便思考，尤其适合那些计算顺序不容易确定的题目，缺点是慢。递推的好处是运行快，而且方便后续进一步优化，缺点是需要厘清计算每个子问题的顺序。

刚刚提到，递推可以进一步优化，我们还是以数字三角形为例思考一下。目前的时间复杂度和空间复杂度都是 $O(n^2)$，时间看起来没有优化的余地了，空间复杂度是否可以优化呢？换句话说，现在的 dp[r][j] 是二维的，空间复杂度是 $O(n^2)$，能不能优化到一维，使得空间复杂度为 $O(n)$？仔细分析一下前面计算 dp[r][j] 的过程，容易发现，当计算第 $n-1$ 行时，只需要第 n 行的数。而当计算第 $n-2$ 行时，只需要第 $n-1$ 行的数。也就是说，在计算 dp[r][j] 的每一行时，只需要下一行的数。一旦当前行计算完毕，下一行的数也就没用了。因此，dp[r][j] 其实只需要两行，分别代表当前行和下一行。当前行计算完以后，下一行就可以删除了。当前行成为最后一行，再用它去计算它上面的一行。当然在实际编程中，数组是不支持删除的，可以用覆盖更新的形式来代替删除。接下来用一个填表的例子来演示这个过程。

将初始时存放数字三角形的数组画成二维数组的形式，见表 4.1。

表 4.1　二维数组

	第 1 列	第 2 列	第 3 列	第 4 列	第 5 列
第 1 行	7				
第 2 行	3	8			
第 3 行	8	1	0		
第 4 行	2	7	4	4	
第 5 行	4	5	2	6	5

如果不优化空间，最终填出来的结果数组（dp[r][j]）见表 4.2。

表 4.2　结果数组

	第 1 列	第 2 列	第 3 列	第 4 列	第 5 列
第 1 行	30				
第 2 行	23	21			
第 3 行	20	13	10		

	第 1 列	第 2 列	第 3 列	第 4 列	第 5 列
第 4 行	7	12	10	10	
第 5 行	4	5	2	6	5

表 4.2 是在递推的时候一行一行从下往上填出来的，现在假设结果数组只有两行，还是先初始化最后一行，见表 4.3。

表 4.3　初始化最后一行

	第 1 列	第 2 列	第 3 列	第 4 列	第 5 列
第 1 行					
第 2 行	4	5	2	6	5

根据递推公式，dp[r][j]=max(dp[r+1][j],dp[r+1][j+1])+d[r][j]，计算出原数组第 4 行的结果，放在新数组第 1 行，见表 4.4。

表 4.4　计算出原数组第 4 行的结果

	第 1 列	第 2 列	第 3 列	第 4 列	第 5 列
第 1 行	7	12	10	10	
第 2 行	4	5	2	6	5

此时，第 2 行（原数组第 5 行）的数就没有用了，可以直接用第 1 行覆盖下来。注意，第 1 行只有 4 个数，所以最后会剩下一个 5，剩下的这个数也没什么用，为了理解清晰，可以认为最后一个 5 不存在。同样，按照程序的逻辑，第 1 行覆盖第 2 行后，第 1 行的数字是不变的，但同样为了理解清晰，我们认为它们不存在了。于是新的表格见表 4.5。

表 4.5　覆盖原数组第 5 行的结果

	第 1 列	第 2 列	第 3 列	第 4 列	第 5 列
第 1 行					
第 2 行	7	12	10	10	

再根据新数组的第 2 行计算出原数组第 3 行的结果，见表 4.6。

表 4.6　计算出原数组第 3 行的结果

	第 1 列	第 2 列	第 3 列	第 4 列	第 5 列
第 1 行	20	13	10		
第 2 行	7	12	10	10	

同样，继续把上面的数复制下来，计算出原数组第 2 行的结果，见表 4.7。

表 4.7　计算出原数组第 2 行的结果

	第 1 列	第 2 列	第 3 列	第 4 列	第 5 列
第 1 行	23	21			
第 2 行	20	13	10		

最后再算一次，见表 4.8。

表 4.8　计算出原数组第 1 行的结果

	第 1 列	第 2 列	第 3 列	第 4 列	第 5 列
第 1 行	30				
第 2 行	23	21			

此时第 1 行第 1 列的 30 就是我们要的答案，计算过程的空间复杂度从 $O(n^2)$ 优化到了 $O(n)$。

能不能再优化一下呢？最好是只有一行？能否根据当前行计算下一行的结果，再把结果写回到当前行呢？其实是完全可以的，比如计算第 1 个数时，根据 4 和 5 计算出 7，见表 4.9。

表 4.9　计算第 1 个数的过程

	第 1 列	第 2 列	第 3 列	第 4 列	第 5 列
第 1 行	7				
第 2 行	4	5	2	6	5

直接把 7 写回到原来位置，覆盖掉 4，数组变成表 4.10 的样子。

表 4.10　写回到原来位置

	第 1 列	第 2 列	第 3 列	第 4 列	第 5 列
第 1 行					
第 2 行	7	5	2	6	5

以此类推，我们总是把结果写回到当前行，这样数组的计算就只需要一行了，又节约了一半的空间。最终的优化版本代码如下：

```
for (int i = 1; i <= n; ++i) {
    dp[i] = d[n][i];
}
for (int i = n - 1; i >= 1; --i) {
    for (int j = 1; j <= i; ++j) {
        dp[j] = max(dp[j], dp[j + 1]) + d[i][j];
    }
}
cout << dp[1] << endl;
```

4.2　动态规划解题步骤

上文以斐波那契数列和数字三角形为例，介绍了动态规划的两种写法。本节从前面两个例子中总结出动态规划的一般设计思路，加深对动态规划的理解。

4.2.1 分解子问题

在前面的两个例子（斐波那契数列和数字三角形）中，我们发现这两个问题都可以用递归的方式解决。或者说，大问题总能通过求解其子问题来解决。例如，要求斐波那契数列的第 n 项 f_n，这是个大问题。但是如果能求出 f_{n-1} 和 f_{n-2}，那么 f_n 就可以立即算出。

数字三角形的问题也是一样，要求从第 r 行第 j 列出发到最后一行的结果 $f(r, j)$，这是个大问题。但是如果能求出 $f(r+1, j)$ 和 $f(r+1, j+1)$，就可以求出 $f(r, j)$。

原始问题能分解成子问题，而子问题又能分解成更小的子问题，直到子问题足够小，可以直接算出结果为止。按照递归或者递推的顺序，从小到大分阶段解决每个子问题。只要子问题能解决，原始问题就能最终解决。

在求解子问题的过程中会有重复计算，这样是很浪费时间的。我们可以把子问题的结果保存起来，保证每个子问题只计算一次，这样最终的时间复杂度就会很低。这个思路就叫作空间换时间。动态规划的核心就是空间换时间，保证每个子问题只计算一次，并且用子问题的结果解决原始问题。

4.2.2 确定状态

对于每个子问题，相关变量的一组取值，叫作一个状态。每个状态对应的值就是这个状态下子问题的解。在斐波那契数列的例子中，状态是一个整数 k，表示目前在求斐波那契数列的第 k 项。在数字三角形的例子中，状态是二维的两个整数 r 和 j，表示目前在求解第 r 行第 j 列的子问题。

状态的集合，叫作这个问题的状态空间。在斐波那契数列的例子中，状态空间是一维的 $1\sim n$。在数字三角形的例子中，状态空间是二维的 $(1,1)\sim(n,n)$。通常情况下，k 维的状态空间，可以用一个 k 维数组来存储，所以斐波那契数列中的数组 dp 是一维的，而数字三角形中的数组 dp 是二维的。

请注意，上述结论基于的是通常情况，不是一定要用数组进行存储，存储子问题的结果是一种思想，具体要根据问题不同而异。状态的值也不一定是一个整数，可能是一个浮点数甚至是一个数据结构。

4.2.3 状态转移

状态转移的含义是，用一个状态的值去计算另一个状态的值。通常都是用子问题的结果去解决更大的问题。

首先需要确定初始状态，就是那些不需要转移，直接可以得到结果的最小状态。在斐波那契数列的例子中，初始状态是第 1 项和第 2 项，它们都等于 1。在数字三角形的例子中，初始状态是最下面一行，状态的值等于三角形中对应位置的值。

接下来需要确定如何用一个状态的值计算另一个状态的值，这个递推关系就是状态转移方程。通过状态转移方程，用小问题的结果计算大问题的结果。在斐波那契数列的例子中，状态转移方程是 $f_n = f_{n-1} + f_{n-2}$，在数字三角形的例子中，状态转移方程是 $f(r, j) = \max[f(r+1, j), f(r+1, j+1)] + d(r, j)$。

有了初始状态和状态转移方程，我们就可以按照划分好的阶段，逐步求解，最后计算出原始问题的解。

4.2.4　动态规划能解决的问题的特点

最优子结构。动态规划能解决的问题，必须满足最优子结构。这个概念的含义是，一个问题的最优解包含的子问题必须也是最优的。也就是说，对于每个子问题，我们只需要记录这个子问题的最优解，而不需要记录这个子问题的所有解。例如，在数字三角形的例子中，从第 r 行第 j 列走到最后一行，有很多种路径可以走，我们在 dp[r][j] 中只记录最大的路径和，其他的不需要记录。举个例子，当前点是 A 点，它有两条路可以走到最后一行，一条路的路径和是 20，另一条路的路径和是 42。现在从 A 的左上方 B 点可以走到 A 点，如果想求从 B 点出发走到最后一行的最大路径和，那么从 B 点出发走到 A 点以后，必须接着走路径和是 42 的那条路。所以在 A 点，我们不需要关心长度为 20 的这条路，只要记录最优解 42 即可。

无后效性。当前的若干个状态值一旦确定，则后续过程的演变就只与当前状态的值有关，和之前演变路径无关。以前各阶段的状态无法直接影响它未来的决策，而只能通过当前的这个状态。换句话说，每个状态都是过去历史的一个完整总结。还是以数字三角形为例，只需要在 dp[r][j] 中记录最大的路径和，至于这条路径是什么，我们不关心。我们也不关心其他的路径，这样可以节省很多后续计算。

4.3　线性动态规划

从本节开始，我们介绍几种常见类型的动态规划经典问题。请注意，学习动态规划的要点并不是每一种类型问题如何解决。而是在这些问题中，体会动态规划的设计方法，融会贯通，在遇到新问题时可以自己设计动态规划算法解决问题。

本节介绍最简单的线性动态规划。在这类问题中，状态是一维的，通常用一个一维数组来保存状态，并且从前往后划分阶段，进行递推。

4.3.1　最长上升子序列问题（LIS）

最长上升子序列是一个经典的线性动态规划问题，请看以下例题：

例 4-1

　　题目名字：B3637 最长上升子序列。

　　题目描述：

　　一个数字的序列 a_i，当 $a_1 < a_2 < \cdots < a_n$ 时，我们称这个序列是上升的。对于给定的一个序列 a_i，如果选择一些位置 $i_1, i_2, i_3, \cdots, i_k$，这时可以得到一个子序列 $a_{i_1}, a_{i_2}, \cdots, a_{i_k}$（$1 \leqslant i_1 < i_2 < \cdots < i_k \leqslant n$）。如果这个子序列是上升的，我们就称它是原来序列的一个上升子序列。

　　例如，对于序列 $(1, 7, 3, 5, 9, 4, 8)$，存在它的一些上升子序列，如 $(1, 7), (3, 4, 8)\cdots\cdots$ 这些子序列中最长的长度是 4——子序列 $(1, 3, 5, 8)$。对于给定的一个序列，请求出它的最长上升子序列的长度。

　　输入数据：

　　第 1 行给出序列的长度 $N(1 \leqslant N \leqslant 5000)$。第 2 行给出序列中的 N 个整数，这些整数的取值范围为 $0 \sim 1000000$。

　　输出要求：

　　最长上升子序列的长度。

　　输入样例：

　　6

　　1 2 4 1 3 4

　　输出样例：

　　4

 **思路分析：**

　　定义状态 dp[i] 为以数组第 i 个数结尾的上升子序列的最大长度。请注意这个状态中有两个重点，第一个重点是，在 dp[i] 中只记录所有原始序列中以第 i 个数结尾的上升子序列的信息。这样我们会发现，对于每个上升子序列，都会唯一被归类到数组 dp 的某个格子里面。第二个重点是，对于所有以第 i 个数结尾的上升子序列，我们只记录长度最长的那个子序列的长度。这是因为最优子结构的缘故，如果以第 i 个数结尾有很多上升子序列，只保留最长的那个肯定更"划算"，因为它更有希望在后面再接一些数字，得到更长的上升子序列。而且用这种方式记录状态满足无后效性，因为如果要在所有以第 i 个数结尾的上升子序列后面再接数字，能接哪些数字完全取决于第 i 个数，跟前面的数字没关系。这种状

态定义方式同时满足无后效性和最优子结构，是一种比较好的状态定义方式。

下面考虑如何进行状态转移，也就是寻找一个递推关系，用 dp[j] 的值来计算 dp[i]，其中 j 是比 i 小的数字。考虑 dp[i] 是以数组中第 i 个数 a[i] 结尾的，我们只需要关心它能接到前面哪些子序列的后面。一种方法是，谁也不接，自己成为一个长度为 1 的上升子序列：dp[i]=1。另一种方法是，对于所有 i 前面的位置 j，且满足 a[j]<a[i] 的，dp[i]=dp[j]+1，即在以 a[j] 结尾的最长上升子序列的基础上，再增加一个自己带来的长度 1。为了使得 dp[i] 的值最大，显然应该对于所有 j，取 dp[j]+1 的最大值。

即 dp[i]=max(dp[j]+1)，其中，j<i 且 a[j]<a[i]。

边界条件是什么呢？对于所有 i，都有 dp[i] 至少等于 1。

最终的答案就是所有 dp[i] 的最大值，因为不能确定整个序列的最长上升子序列是以哪个数结尾的，所以需要枚举一遍，取最大值。本算法的时间复杂度是 $O(n^2)$，由于要枚举以第 i 个数结尾的情况去计算 dp[i]，因此需要枚举 n 次；而在计算每个 dp[i] 时，又需要把 i 前面的每个位置 j 枚举一遍，看看能否接上。

代码示例如下：

```cpp
#include <iostream>
#include <cstring>
#include <cstdio>
#include <algorithm>
#include <vector>

using namespace std;
typedef long long ll;
const ll MAXN = 5005;

int n, a[MAXN], dp[MAXN];

int main() {
    cin >> n;
    for (int i = 1; i <= n; ++i) {
        cin >> a[i];
        dp[i] = 1;
        for (int j = 1; j < i; ++j) {
            if (a[j] < a[i]) {
                dp[i] = max(dp[i], dp[j] + 1);
            }
        }
    }
    int ans = 1;
    for (int i = 1; i <= n; ++i) {
        ans = max(ans, dp[i]);
    }
    cout << ans << endl;
    return 0;
}
```

如果数据量 n 比较小，这样的效率足以通过。但是如果数据量比较大，我们还是希望有复杂度更低的做法。下面再介绍一个更快速的算法。

用 dp[i] 表示长度为 i 的上升子序列中最小的结尾。请注意，这个 dp[i] 的定义与前面算法不同，i 的含义不是以原来数组中第 i 个数结尾，而是不管以谁结尾，上升子序列的长度如果是 i 的话，就把信息记录在 dp[i] 里面。同时，如果有多个长度都是 i 的上升子序列，我们选择记录所有子序列中结尾最小的那个。这满足最优子结构，因为拥有最小结尾的上升子序列，更有可能被后面的数字接上，形成更长的上升子序列。

在初始状态时，只考虑数组 a 的第一个数字，这时候有唯一的长度为 1 的上升子序列，它的结尾是 a[1]。为了演示方便，我们假设数组 a 的值有 7 个，分别是"1 7 3 5 9 4 8"，把数组 a 和数组 dp 放入表 4.11。

表 4.11　上升子序列 1

下　标	1	2	3	4	5	6	7
数组 a	1	7	3	5	9	4	8
数组 dp	1						

接下来，一个数一个数地看，把每一个数组 a 中的数字考虑进来，看看数组 dp 如何修改。下一个数字是 a[2]（a[2]=7），它可以接在刚刚的 1 后面，形成长度为 2 的上升子序列，结尾是 7。因为之前没有长度为 2 的上升子序列，dp[2]还是空的，所以我们直接在 dp[2] 位置写入 7，具体见表 4.12。

表 4.12　上升子序列 2

下　标	1	2	3	4	5	6	7
数组 a	1	7	3	5	9	4	8
数组 dp	1	7					

下一个数字是 3，目前长度为 1 的子序列是以 1 结尾的，长度为 2 的子序列最小结尾是 7，那么新来的 3 肯定不能接在 7 后面，只能接在 1 后面，得到一个长度为 2 的上升子序列，结尾是 3，比之前的 dp[2]（dp[2]=7）要小，修改 dp[2]=3，具体见表 4.13。

表 4.13　上升子序列 3

下　标	1	2	3	4	5	6	7
数组 a	1	7	3	5	9	4	8
数组 dp	1	3					

下一个数字是 5，它可以接在长度为 2 结尾为 3 的子序列后面，得到长度为 3，结尾为 5 的上升子序列，具体见表 4.14。

表 4.14　上升子序列 4

下　标	1	2	3	4	5	6	7
数组 a	1	7	3	5	9	4	8
数组 dp	1	3	5				

下一个数字是 9，它可以接在长度为 3 结尾为 5 的子序列后面，得到长度为 4，结尾为 9 的上升子序列，具体见表 4.15。

表 4.15　上升子序列 5

下　标	1	2	3	4	5	6	7
数组 a	1	7	3	5	9	4	8
数组 dp	1	3	5	9			

到目前为止，我们大概可以总结出一个算法。一个接一个地考虑数组 a 中的数字，对于当前数字 a[i]，首先看它是否比数组 dp 最后一个数字大，如果是，那么就可以接在数组 dp 最后一个数字的后面，得到一个更长的子序列，以 a[i]结尾；如果 a[i]不比最后一个数字大，那么就在数组 dp 中，从右向左找到最靠右边的、比 a[i]小的数字，接到它的后面。相当于把数组 dp 最靠左的第一个大于或等于 a[i]的数字修改为 a[i]。

例如，现在要加进来的是 a[6]（a[6]=4），就会将 dp[3]替换成 4，具体见表 4.16。

表 4.16　上升子序列 6

下　标	1	2	3	4	5	6	7
数组 a	1	7	3	5	9	4	8
数组 dp	1	3	4	9			

同理，对于数组 a 最后一个数字 7，它会替换 dp[4]，最终的上升子序列见表 4.17。

表 4.17　上升子序列 7

下　标	1	2	3	4	5	6	7
数组 a	1	7	3	5	9	4	8
数组 dp	1	3	4	7			

答案就是，最长上升子序列的长度是 4，并且最小以 7 结尾。

我们分析一下这个做法的时间复杂度，对于每个数字 a[i]，要么接在数组 dp 的末尾，要么遍历数组 dp 寻找最靠左的大于或等于 a[i]的数字进行替换，最坏情况下复杂度是 $O(n)$，因为 i 也需要遍历，总的复杂度是 $O(n^2)$，看起来跟前一种做法没区别。

实际上，容易发现数组 dp 是单调不减的，所以"遍历数组 dp 寻找最靠左的大于或等于 a[i]的数字进行替换"这一操作，是不需要从左往右遍历的，可以在有序数组上进行二分查找，每次查找的时间复杂度下降为 $O(\log n)$，总的时间复杂度为 $O(n\log n)$。

代码示例如下：

```cpp
#include<iostream>

using namespace std;
int a[100005], dp[100005];

int main() {
    int n, l, r, mid, ans, R;
    cin >> n;
```

```
        for (int i = 1; i <= n; i++) {
            cin >> a[i];
        }
        dp[0] = 0;
        R = 0;//记录最长上升子序列的长度
        for (int i = 1; i <= n; i++) {
            if (a[i] > dp[R]) {              //如果a[i]大于上升子序列的最后一个数
                dp[R + 1] = a[i];            //a[i]直接接续在上升子序列之后
                R++;                         //子序列长度加1
            } else {
                l = 0;
                r = R;                       //在区间[l,r]之间进行二分查找
                while (l <= r) {
                    mid = (l + r) / 2;
                    if (dp[mid] < a[i]) {    //如果中间数小于a[i]
                        l = mid + 1;         //说明答案在[mid+1,r]之间
                    } else {                 //如果中间数大于或等于a[i]
                        ans = mid;           //保留当前下标变量
                        r = mid - 1;         //在区间[l,mid-1]之间再寻找更靠前的下标
                    }
                }
                dp[ans] = a[i];              //将a[i]替换为dp[ans]
            }
        }
        int t = 0;
        for (int i = 1; i <= n; i++) {
            if (dp[i] != 0) t++;
        }
        cout << t;
    }
```

例 4-2

题目名字：P1020【NOIP1999 普及组】导弹拦截。

题目描述：

某国为了防御敌国的导弹袭击，发展出一种导弹拦截系统。但是这种导弹拦截系统有一个缺陷：虽然它的第一发炮弹能够到达任意高度，但是以后每一发炮弹都不能高于前一发的高度。某天，雷达捕捉到敌国的导弹来袭。由于该系统还在试用阶段，只有一套，因此有可能不能拦截所有的导弹。

输入导弹依次飞来的高度（雷达给出的高度数据是小于或等于 50000 的正整数）。（1）计算这套系统最多能拦截多少导弹。（2）如果要拦截所有导弹最少要配备多少套导弹拦截系统。

输入格式：

1 行，若干个整数（数量≤100000）。

NOIP 原题数据规模不超过 2000。

输出格式：

2 行，每行 1 个整数，第 1 个数字表示这套系统最多能拦截多少导弹，第 2 个数字表示如果要拦截所有导弹最少要配备多少套导弹拦截系统。

输入样例：

389 207 155 300 299 170 158 65

输出样例：

6

2

 思路分析：

先考虑第 1 问，只有 1 套系统的话，最多可以拦截多少导弹。题目要求"每一发炮弹都不能高于前一发的高度"，其实是让我们在输入的序列中找到一个最长的子序列，满足子序列中后一个元素不能比前一个大，只能比前一个小或者相等。这种子序列我们称为最长不上升子序列。按照上文的描述，我们有时间复杂度分别为 $O(n^2)$ 和 $O(n\log n)$ 的两种算法。本例题是 1999 年全国青少年信息学奥林匹克竞赛省级联赛（NOIP）的比赛题，按照当时的测试数据，两种算法都能通过。但是为了让大家更好地练习两种不同的算法，这里设置了 Special Judge，并加强了数据，如果想拿到满分 200 分，必须用到二分查找算法，使得时间复杂度为 $O(n\log n)$，否则即便做对也只能拿到 100 分。

 提　示

关于 Special Judge

在通常情况下，题目的评测方式是全文比对。要求选手的程序输出与标准输出每个字符都一样才能通过这个测试点（当然通常情况会忽略行末多余的空格，以及最后一行后面多余的换行）。

个别题目采用的评测方式是 Special Judge，简称 SPJ。这种评测方式并不是机械地比对答案，而是利用一个独立的程序来检查选手输出的结果是否正确。通常 SPJ 适用于多解的情况，只要选手输出的是任何一个正确结果就可以。而本题中的 SPJ 是为了让采用时间复杂度为 $O(n^2)$ 算法的同学拿到 100 分，采用时间复杂度为 $O(n\log n)$ 算法的同学拿到 200 分，但是不管采用两种算法的哪一种都算通过测试。

题目第 2 问是需要多少套系统可以拦截所有的导弹，其实是问使用多少个不下降子序列可以铺满整个区间。数学上的 Dilworth 定理告诉我们，所求的子序列的数量，等于最长上升子序列的长度。所以通过二分查找算法求出输入序列的最长上升子序列的长度即可。关于这个定理，超出了本书的讨论范围，有兴趣的可以自行检索资料进行了解。

代码示例如下：

```
#include<iostream>

using namespace std;
int a[100005], dp[100005];
int inf = 0x3f3f3f3f;

int main() {
    int i = 1, n, x, l, r, mid, k, ans;
    while (cin >> x) {//读入数组
        a[i++] = x;
    }
    n = i - 1; //导弹数量
    dp[0] = inf;    //dp[0]初始化为最大值
    for (i = 1; i <= n; i++) {//第 1 问：最长不上升子序列的长度
        l = 0;
        r = i;
        k = a[i];
        ans = 0;
        while (l <= r) {//通过二分查找算法找到第一个小于 a[i]的下标 ans 所在位置
            mid = (l + r) / 2;
            if (dp[mid] >= k) {
                l = mid + 1;
            } else {
                ans = mid;
                r = mid - 1;
            }
        }
        dp[ans] = k;
    }
    for (i = 1; i <= n; i++) {//统计长度
        if (dp[i] == 0) break;
    }
    cout << i - 1 << endl;
    dp[0] = 0;//第 2 问：最长上升子序列的长度
    for (i = 1; i <= n; i++) {
        dp[i] = inf;
    }
    for (i = 1; i <= n; i++) {
        l = 0;
        r = i;
        k = a[i];
        while (l <= r) {//通过二分查找算法找到第一个大于或等于 a[i]的下标 ans 所在位置
            mid = (l + r) / 2;
            if (dp[mid] < k) {
                l = mid + 1;
            } else {
                ans = mid;
                r = mid - 1;
```

```
        }
      }
    }
    for (i = 0; i <= n; i++) {//统计长度
        if (dp[i] == inf) break;
    }
    cout << i - 1;
}
```

4.3.2 最长公共子序列问题（LCS）

给出两个字符串，求出这样的一个最长的公共子序列的长度：子序列中的每个字符都能在两个原字符串中找到，而且每个字符的先后顺序和原字符串中的先后顺序一致。

举个例子，两个字符串分别是 abcfbc 和 abfcab，它们的最长公共子序列长度是 4，这个子序列可以是 abfc。

为了叙述方便，不妨设两个字符串的下标都从 1 开始，字符串分别为 s1 和 s2，长度分别为 len1 和 len2。定义一个二维状态 $f(i, j)$，表示 s1 的前 i 个字符形成的子串与 s2 的前 j 个字符形成的子串的最长公共子序列的长度。

这个状态定义，还是遵循子问题的思想。我们要解决的是两个比较长的字符串之间的问题，对两个长字符串各自截取前缀的一个子串，看看子串里面的答案能否计算出来。如果能，把子串延长一些，看看能否转移，最终计算出的 $f(\text{len1, len2})$ 便是我们想要的结果。

状态转移方程：

$$f(i, j) = \begin{cases} f(i-1, j-1) + 1, & s1[i] = s2[j] \\ \max[f(i, j-1), f(i-1, j)], & s1[i] \neq s2[j] \end{cases}$$

解释一下，$f(i, j)$ 是目前想计算的状态，即 s1 的前 i 个字符与 s2 的前 j 个字符，能形成的最长公共子序列的长度。考虑两个子串的最后一位 s1[i] 和 s2[j]，如果它们相等，那么就可以对答案贡献 1 的长度。s1 的前 $i-1$ 个字符与 s2 的前 $j-1$ 个字符，能形成的最长公共子序列的长度，再接上新贡献的 1，也就是 $f(i-1, j-1) + 1$。

若两个子串的最后一位 s1[i] 和 s2[j] 不相等，既然它们不能配对而对答案做出贡献，不如不要其中的某一个。例如不要 s2 的第 j 位，看看 s1 的前 i 位和 s2 的前 $j-1$ 位形成的答案是多少，再看看 s1 的前 $i-1$ 位和 s2 的前 j 位形成的答案是多少，比较这两个里面谁更大，谁就可以成为现在的结果，也就是 $\max[f(i, j-1), f(i-1, j)]$。

考虑边界情况，容易发现在计算 $f(i, j)$ 时，每次 i 和 j 都在变小，最后的边界情况就是 i 或 j 已经减小为 0 了。如果其中有一个是 0，则 $f(i, 0)$ 和 $f(0, j)$ 肯定也都是 0，因为一个空串和另一个字符串不可能形成公共子序列。

这样每个位置的 $f(i, j)$ 都可以以 $O(1)$ 的时间复杂度求出，总的时间复杂度为 $O(n^2)$。

再看一个例题：

例 4-3

题目名字：AT_dp_f LCS。

题目描述：

给定 1 个字符串 s 和 1 个字符串 t，输出 s 和 t 的最长公共子序列。

输入格式：

2 行，第 1 行输入 s，第 2 行输入 t。

输出格式：

s 和 t 的最长公共子序列。如果有多种答案，输出任何一个都可以。

输入样例：

abcfbc

abfcab

输出样例：

4

abfc

说明/提示：

s 和 t 仅含英文小写字母，并且 s 和 t 的长度小于或等于 3000。

思路分析：

本例题除了要记录最长公共子序列的长度以外，还需要记录这个子序列是什么。一个很直观的想法是：除了建立一个二维数组，记录每个状态的最长公共子序列的长度以外，再建立一个二维数组，记录这个最长公共子序列是什么，数组的每个位置存放一个字符串。状态转移时，除了转移长度，也把字符串末尾加上新字符转移过来。这个做法比较慢，因为字符串来回复制比较费时间，而且会占用很大空间。

另外一个思路是，记录每个状态是从哪个状态来的，也就是它的父亲状态。在前面的状态转移方程中，我们可以看到，对于 $f(i,j)$，它的值是从 $f(i-1,j-1)$、$f(i-1,j)$、$f(i,j-1)$ 这 3 个中的某一个来的。所以对于每个状态，只需要记录 2 个数字，即它父亲状态的第 1 维和第 2 维坐标。最后的结果在 $f(len1, len2)$ 里面，如果它是从 $f(len1-1, len2-1)$ 来的，则最终的答案字符串就是 $f(len1-1, len2-1)$ 的答案字符串接上一个 s1[len1]。如果它是从 $f(len1-1, len2)$ 来的，则最终的答案字符串与 $f(len1-1, len2)$ 的答案字符串一致。如果它是从 $f(len1, len2-1)$ 来的，则最终的答案字符串与 $f(len1, len2-1)$ 的答案字符串一致。从后往前倒推，就可以算出最终答案。

代码示例如下：

```
#include <iostream>
#include <string>
```

```
#include <stack>
using namespace std;
const int MAXN = 3005;
string s, t;
int sl, tl, sz[MAXN][MAXN], xs[MAXN][MAXN], ys[MAXN][MAXN];
char c[MAXN][MAXN];
int main() {
    cin >> s >> t; //输入两个字符串 s 和 t
    sl = s.size(); //计算 s 的长度，存在 sl 里
    tl = t.size(); //计算 t 的长度，存在 tl 里
    s = " " + s;   //在 s 和 t 开头补一个空格，把字符串下标调到从 1 开始，写代码比较
方便
    t = " " + t;
    for (int i = 1; i <= sl; ++i) {
        for (int j = 1; j <= tl; ++j) {
            if (s[i] == t[j]) {
                sz[i][j] = sz[i - 1][j - 1] + 1;//用 sz 数组记录最长公共子序列的长度
                xs[i][j] = i - 1; //用 xs 数组存放父亲状态的第 1 维坐标
                ys[i][j] = j - 1; //用 ys 数组存放父亲状态的第 2 维坐标
                c[i][j] = s[i];   //用 c 数组记录在父亲状态基础上新加的字符
            } else {
                if (sz[i - 1][j] < sz[i][j - 1]) {
                    sz[i][j] = sz[i][j - 1];
                    xs[i][j] = i;
                    ys[i][j] = j - 1;
                } else {
                    sz[i][j] = sz[i - 1][j];
                    xs[i][j] = i - 1;
                    ys[i][j] = j;
                }
            }
        }
    }
    //倒推记录答案字符串的每个字符
    //因为计算顺序是反的，用一个栈保存答案
    //输出栈里面的字符，利用栈的先进后出的性质，把字符串倒过来
    stack<char> st;
    int x = sl, y = tl;//从最后一个状态开始，两个维度是 x 和 y
    while (sz[x][y] > 0) {
        //如果 c[x][y]不是空字符，说明这个字符是答案的一部分，把它记到栈里
        if (c[x][y] != '\0') {
            st.push(c[x][y]);
        }
        int nx = xs[x][y];//nx 和 ny 是父亲状态的两个维度下标
        int ny = ys[x][y];
        x = nx;//替换掉 x 和 y，去下一次循环
        y = ny;
    }
    //只要栈不空，输出栈里面的元素
```

```
    while (!st.empty()) {
        cout << st.top();
        st.pop();
    }
    cout << endl;
    return 0;
}
```

4.4 背包类动态规划

背包类问题是动态规划的一类问题模型,这类模型用途广泛,需要大家认真理解掌握。背包类问题通常可以转化成以下模型:有若干个物品,每个物品有自己的重量和价值。选择物品放进一个容量有限的背包里,求出在容量不超过最大限度的情况下能拿到的最大总价值。

4.4.1 01背包问题

背包类问题中最简单的是01背包问题:有 n 个物品,编号分别为 $1\sim n$,其中第 i 个物品的价值是 v[i],重量是 w[i]。有一个容量为 c 的背包,问选取哪些物品,可以使得在总重量不超过背包容量的情况下,拿到的物品的总价值最大。这里的每个物品都可以选择不拿或者拿。因为每个物品只能用一次,我们用0表示不要这个物品,用1表示要这个物品,因此每个物品的决策就是0或者1。这就是01背包这个名字的来源。

看到这个问题很多人的第一反应是使用贪心策略。对于每个物品,计算其性价比:用这个物品的价值除以其重量,得到一个比值。性价比越高,说明该物品越划算,应该尽量拿该物品。将所有物品按照性价比从高到低排序,只要当前背包还能装得下,就按照顺序一个一个地放进背包。

贪心策略对于大多数情况是比较有效的。不过很容易找到反例,例如,背包容量是100,3个物品的重量分别是51、50、50,价值分别是52、50、50,可以看到,1号物品性价比很高,优先拿1号物品。可是一旦选择了1号物品,背包容量就只剩下49,无法再拿2号或者3号物品。可是如果放弃1号物品,选择两个看起来不是很划算的2号和3号物品,总的背包容量刚好够用,这时候的总价值是100,比刚才的52要多。

所以可以看到,贪心策略无效,需要寻找一个动态规划的解决方案。根据之前的经验,我们要划分阶段,那么应该一个物品一个物品地往里加,先考虑加入第一个物品时的决策,然后考虑新加入一个物品,决策会不会有变化。而对于同一个物品,背包容量不同,最优结果也是不同的,所以背包容量也是状态的一部分。因此需要用到一个二维状态的动态规划。

定义 dp[i][j]：只考虑前 i 个物品（并且第 i 个物品是新加入的），在背包容量不超过 j 的情况下，能拿到的最大价值。对于当前物品，有两种决策方式，分别是这个物品拿或者不拿。如果拿这个物品，那么它会占用 w[i] 的重量，留给前 i-1 个物品的容量就只剩下 j-w[i] 了，在这个基础上我们能多拿到物品的价值是 v[i]。如果不拿当前物品，相当于问题转化成前 i-1 个物品可使用的背包容量是 j。这两种情况下我们应该选一个最优的，也就是取最大值，所以状态转移方程（代码中）是：

$$dp[i][j] = \max\{dp[i-1][j-w[i]] + v[i], dp[i-1][j]\}$$

可以把 dp 看成一个二维数组，那么求 dp[i][j] 相当于要求出这个数组第 i 行第 j 列的值。容易发现，计算这个位置的值需要的是第 i-1 行第 j-w[i] 列和第 i-1 行第 j 列的数字。因此只要按照行从小到大的顺序，分别求出每一行的每一个数字即可。

边界情况是 i 或 j 为 0 的时候，即有 0 个物品或者背包容量是 0 的话，肯定无法拿到有价值的物品。以一个实际例子模拟一下填表的过程，不妨设有 3 个物品，背包容量是 4，重量分别是 1、2、3，价值分别是 2、3、1。初始化二维数组，行表示目前考虑前几个物品，列表示目前允许使用的背包容量，边界的第 0 行和第 0 列都是 0，见表 4.18。

表 4.18 01 背包 1

i \ j	0	1	2	3	4
0	0	0	0	0	0
1	0				
2	0				
3	0				

考虑第 1 个物品，重量是 1，价值是 2。计算 dp[1][1] 的值，就是只考虑第 1 个物品，并且背包容量是 1 的时候，最大能取到的价值。如果不拿这个物品，该物品不占背包容量，相当于前 0 个物品，允许占用的背包容量是 1，此时的最大价值是 dp[0][1]，结果是 0。如果拿这个物品，它自己占了一个空间，留给前 0 个物品的容量就是 0，加上拿该物品获得的价值 2，结果是 dp[0][0]+2。对于这两种情况，我们选择价值最大的一种，所以，

$$dp[1][1] = \max\{dp[0][1], dp[0][0]+2\} = 2$$

同理，dp[1][2]=max{dp[0][2],dp[0][1]+2}=2。dp[1][3] 和 dp[1][4] 也都可以算出结果为 2，新的表格见表 4.19。

表 4.19 01 背包 2

i \ j	0	1	2	3	4
0	0	0	0	0	0
1	0	2	2	2	2
2	0				
3	0				

这表示，当只有第 1 个物品时，背包容量是 1～4，都可以拿到最大价值 2。这与我们的预期是相符的。接下来考虑新加入第 2 个物品，它的重量是 2，价值是 3，先考虑 dp[2][1] 的值，因为目前的背包容量是 1，而第 2 个物品的重量是 2，装不下，所以此处的决策只能是不要第 2 个物品，dp[2][1]=dp[1][1]=2。

在计算 dp[2][2]时，因为容量够拿第 2 个物品，可以从拿或者不拿中选择价值最大的。如果拿，剩下的背包容量就只有 0 了，但是可以使拿到的价值加 3，即

$$dp[2][2] = \max\{dp[1][2], dp[1][0]+3\} = 3$$

这个决策表明，当有 2 个物品，并且背包容量是 2 时，拿第 2 个物品更划算，可以得到 3 的价值。同理，计算本行其他数字，新的表格见表 4.20。

表 4.20　01 背包 3

i \ j	0	1	2	3	4
0	0	0	0	0	0
1	0	2	2	2	2
2	0	2	3	5	5
3	0				

接下来考虑第 3 个物品，重量是 2，价值是 1，用同样的方式递推，把表格填满，新的表格见表 4.21。

表 4.21　01 背包 4

i \ j	0	1	2	3	4
0	0	0	0	0	0
1	0	2	2	2	2
2	0	2	3	5	5
3	0	2	3	5	5

最终答案就在 dp[3][4]里，含义是考虑前 3 个物品（也就是全部物品），背包容量为 4 时，最大总价值是 5。容易发现，数组第 2 行和第 3 行是一样的。其实是因为 3 号物品性价比不高，所有决策都是不要这个物品。

通过上面的例子，我们可以看到，01 背包问题的动态规划解法是使用二维状态，解决问题的时间复杂度和空间复杂度都是 $O(n^2)$。

例 4-4

题目名字：P1048 采药。

题目描述：

医师把他的徒弟带到一个到处都是草药的山洞里对他说："孩子，这个山洞里有一些不同的草药，采每一株都需要一些时间，每一株也有它自身的价值。我会给你一段时间，

在这段时间里，你可以采到一些草药。如果你是一个聪明的孩子，你应该可以让采到的草药的总价值最大。"

输入格式：

第 1 行有 2 个整数 T（1≤T≤1000）和 M（1≤M≤100），用 1 个空格隔开，T 代表总共能够用来采药的时间，M 代表山洞里的草药的数量。接下来的 M 行每行包括 2 个取值范围为 1～100（包括 1 和 100）的整数，分别表示采摘某株草药的时间和这株草药的价值。

输出格式：

1 个整数，表示在规定的时间内可以采到的草药的最大总价值。

输入样例：

70 3

71 100

69 1

1 2

输出样例：

3

说明/提示：

（1）数据范围：

对于 30% 的数据，M≤10；对于全部的数据，M≤100。

（2）题目来源：

NOIP 2005 普及组第 3 题。

 思路分析：

本例题是 01 背包问题的模板题，采药的时间 T 就是背包容量，每一株草药就是一个物品，采药花费的时间就是重量，草药的价值就是物品的价值。代码示例如下：

```c
int t,m;
int w[105];      //物品的重量数组
int v[105];      //物品的价值数组
scanf("%d%d",&t,&m);
int i,j;
for(i=1;i<=m;i++){ scanf("%d%d",&w[i],&v[i]); }
int dp[105][1005];
memset(dp,0,sizeof(dp));
for(i=1;i<=m;i++){              //外层循环 i 表示第 i 个物品
    for(j=0;j<=t;j++){         //内层循环 j 表示背包容量
        if(w[i]<=j){           //如果当前容量够，则在要或者不要当前物品中决策
            dp[i][j]=max(dp[i-1][j-w[i]]+v[i],dp[i-1][j]);
        } else {
```

```
            dp[i][j]=dp[i-1][j];//当前容量不够，不要这个物品
        }
    }
}
printf("%d\n",dp[m][t]);
```

上述算法中使用了二维数组，空间复杂度为 $O(n^2)$，能否优化到一维呢？回忆一下在数字三角形的例子中，因为数组 dp 只有相邻两行之间有关系，我们成功优化到了一维。在 01 背包问题中也是一样的，当计算数组 dp 的第 i 行时，它的值只跟第 $i-1$ 行有关，能否仿照数字三角形的例子，只用一行数组，通过它保存上一行的结果，当计算到第 i 个物品时，直接把背包容量是 j 的结果写回到数组的 dp[j] 位置？即

$$dp[j] = \max\{dp[j], dp[j-w[i]]+v[i]\}$$

这样做是不行的。因为在状态转移方程中，计算 dp[j] 需要用到它前面的 dp[j-w[i]] 位置上的数字。但是在我们从小到大枚举 j，计算 dp[j] 时，其左边的数字已经被改过了！用一个例子演示一下这个过程，如图 4.3 所示。

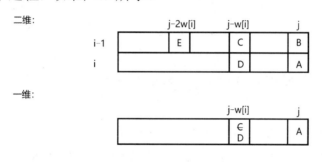

图 4.3　数组的空间优化过程

回顾一下二维数组的情况，为了简洁，这里只展示数组 dp 的第 $i-1$ 行和第 i 行。计算 dp[i][j-w[i]]，也就是图 4.3 的位置 D 的值。根据上文的推导，计算公式（代码中）为

$$dp[i][j-w[i]]=\max\{dp[i-1][j-2*w[i]]+v[i],dp[i-1][j-w[i]]\}$$

也就是说，在计算位置 D 的值时，需要用到第 $i-1$ 行 E 和 C 两个位置的值。

接下来计算第 i 行第 j 列，同理，计算这个位置的值需要用到 C 和 B 两个位置的值。在二维数组中，这些计算都可以正确执行。尝试压缩空间，将数组保留为一行。当计算完位置 D 的值以后，把结果写回数组的第 $j-w[i]$ 列，覆盖掉原来位置 C 的值。

大家有没有发现问题？当我们要计算位置 A 的值时，本来要用位置 C 的值，但是该值已被计算出来的位置 D 的值覆盖，我们拿不到想要的数字，计算会发生错误。

空间就不能压缩了吗？其实我们不妨将列的循环逆序进行，先计算编号较大的列的数字，再计算小的。从图 4.3 中也可以看到，如果在计算第 i 行的结果时先计算第 j 列位置 A 的值，然后把结果写到位置 B，即使覆盖掉第 $i-1$ 列的值也没关系，因为再往前的计算（例如计算位置 D 的值）不再会用到位置 B 的值。请大家好好理解这个技巧，在很多学习资料中，只是提醒循环要倒着做，并没有说明为什么，导致很多初学者知其然，却不知其所以然。

这样压缩空间后，代码变得更加简洁了。代码示例如下：

```
for(int i=1; i<=m; i++) {          //物品
    for(int j=t; j>=w[i]; j--)     //容量，逆序
    {
        dp[j] = max(dp[j-w[i]]+v[i], dp[j]);
    }
}
```

细心的读者会发现，为什么优化前的代码中有一个 if 判断，而优化后的代码中没有？优化前的代码中的 if 判断，是为了判断当前容量能否装得下第 i 个物品，如果能装下，就考虑要还是不要。如果装不下，直接让 dp[i][j]等于上一行的结果，也就是 dp[i-1][j]。而在优化后的程序中，我们倒着循环到 w[i]为止，这些都是能装得下当前物品的情况。而小于 w[i]的部分，就直接不循环了，如此一来，这些位置的值也都不会改变，都会保留上一行的结果，正好是我们想要的样子。

下面 3 个例题可以更好地帮助大家理解 01 背包问题的解题思路。

例 4-5

题目名字：P1049[NOIP2001 普及组]装箱问题。

题目描述：

有一个箱子容量为 V（正整数，$0 \leq V \leq 20000$），同时有 n 个物品（$0 < n \leq 30$），已知每个物品的体积（正整数），要求从 n 个物品中任取若干个，装入箱内，使箱子的剩余空间最小。

输入格式：

1 个整数，表示箱子容量；

1 个整数，表示有 n 个物品；

接下来 n 行，分别表示这 n 个物品各自的体积。

输出格式：

1 个整数，表示箱子的剩余空间。

输入样例：

24

6

8

3

12

7

9

7

输出样例：

0

 思路分析：

首先，容易看出题目中的每个物品就是背包概念里面的物品，每个物品只能选一次，所以此题属于01背包问题。不过题目中并没有给出物品的价值和重量，只是给了物品的体积。我们需要找到对应物品价值和重量的定义方式，来把问题转化成标准的背包问题。

题中问如何能让剩余空间最小，转化一下，其实就是问如何能尽量装最多的物品。我们求出物品的最大占用空间，用总空间减去最大占用空间，就能得到最小剩余空间了。所以，优化的目标就是如何利用最多的空间，可以看出，空间其实就是价值，我们想让价值尽可能大。同样，因为总体积不能超过 V，每个物品也有自己的体积，可以看出，物品的重量其实就是它的体积。因此，物品的重量和价值是一样的，都是它的体积。

定义 dp[i][j]：当背包容量为 j 时，只用前 i 个物品能取得的最大收益（占用空间）。状态转移方程为

$$dp[i][j]=\max\{dp[i-1][j],\ dp[i-1][j-v[i]]+v[i]\}$$

代码示例如下：

```cpp
#include<iostream>
#include<iomanip>
using namespace std;
int a[32],dp[32][20002];
int main(){
    int n,v,i,j;
    cin>>v>>n;
    for(i=1;i<=n;i++){
        cin>>a[i];
    }
    for(i=1;i<=n;i++){
        for(j=0;j<=v;j++){   //如果当前背包容量是 j，能否选择 a[i]
            if(j==0) dp[i][j]=0;
            else{
                if(a[i]>j) dp[i][j]=dp[i-1][j];
                else{
                    dp[i][j]=max(dp[i-1][j],dp[i-1][j-a[i]]+a[i]);
                }
            }
        }
    }
    cout<<v-dp[n][v];
    return 0;
}
```

同理，一维数组的方法状态转移方程为

$$dp[j]=\max\{dp[j], dp[j-v[i]]+v[i]\}$$

注意，与模板题一样，这里的 j 要按从大到小的方向循环。代码示例如下：

```cpp
#include<iostream>
using namespace std;
int dp[20005],v[35];
int main(){
    int n,V,i,j;
    cin>>V>>n;
    for(i=1;i<=n;i++){
        cin>>v[i];
    }
    for(i=1;i<=n;i++){
        for(j=V;j>=v[i];j--){
            dp[j]=max(dp[j],dp[j-v[i]]+v[i]);
        }
    }
    cout<<V-dp[V];
}
```

例 4-6

题目名字：P1060【NOIP2006 普及组】开心的金明。

题目描述：

金明今天很开心，家里购置的新房就要领钥匙了，新房里有一间他自己专用的很宽敞的房间。更让他高兴的是，妈妈昨天对他说："你的房间需要购买哪些物品，怎么布置，你说了算，只要不超过 N 元钱就行。"今天一早金明就开始做预算，但是他想买的东西太多了，肯定会超过妈妈限定的 N 元钱。于是，他把每件物品规定了一个重要度，分为 5 等，用整数 1~5 表示，第 5 等最重要。他还从网上查到了每件物品的价格（都是整数元）。他希望在不超过 N 元（可以等于 N 元）的前提下，使每件物品的价格与重要度的乘积的总和最大。

设第 j 件物品的价格为 v[j]，重要度为 w[j]，共选中了 k 件物品，编号依次为 j1,j2,⋯,jk，则所求的总和为

$$v[j1]×w[j1]+v[j2]×w[j2]+⋯+v[jk]×w[jk]$$

请帮助金明设计一个满足要求的购物清单。

输入格式：

第 1 行为 2 个正整数（n、m），用一个空格隔开。其中，n<30000，表示总钱数；m<25，表示希望购买物品的数量。

第 2~m+1 行，第 j 行给出了编号为 j−1 的物品的基本数据，每行有 2 个非负整数 v、p。其中，v 表示该物品的价格（v≤10000），p 表示该物品的重要度（1~5）。

输出格式：

1个正整数，为不超过总钱数的、物品的价格与重要度乘积的总和的最大值。

输入样例：

1000 5

800 2

400 5

300 5

400 3

200 2

输出样例：

3900

思路分析：

此例题是标准的01背包模板题。价格与重要度的乘积是该物品的价值，所以在读入重要度 w[i] 时，不妨直接将 w[i] 更新为 v[i]×w[i]。dp[i][j]存储的是当钱数为 j 时，只考虑前 i 个物品，可以获得的最大价值。如果不选取第 i 个物品或钱不够时（$j<v[i]$），dp[i][j]=dp[i-1][j]；如果选取第 i 个物品，付出 v[i] 元钱，收获 w[i] 的价值，即 dp[i][j]=dp[i-1][j-v[i]]+w[i]。动态转移方程是对以上两种可能性取最大值。代码示例如下：

```
#include<iostream>
#include<iomanip>
int dp[26][30005],v[26],f[26];
using namespace std;
int main(){
    int n,m,i,j,k;
    cin>>n>>m;
    for(i=1;i<=m;i++){
        cin>>v[i]>>w[i];
        w[i]=v[i]*w[i];
    }
    for(i=1;i<=m;i++){          //想买第 i 个物品，价格为v[i],重要度为w[i]
        for(j=1;j<=n;j++){      //当前的钱数
            if(j<v[i]) dp[i][j]=dp[i-1][j];     //钱不够，不要这个物品
            else dp[i][j]=max(dp[i-1][j],dp[i-1][j-v[i]]+w[i]);//钱够，还可以要，
数组 dp 存储最大价值
        }
    }
    cout<<dp[m][n];
    return 0;
}
```

一维数组方法，需要 j 从 n 开始，倒序循环到 v[i] 为止，原因同例题4-5。代码示例如下：

```
#include<iostream>
using namespace std;
int dp[30005],v[30],w[30];
int main(){
    int n,m,i,j;
    cin>>n>>m;
    for(i=1;i<=m;i++){
        cin>>v[i]>>w[i];
        w[i]=w[i]*v[i];
    }
    for(i=1;i<=m;i++){
        for(j=n;j>=v[i];j--){
            dp[j]=max(dp[j],dp[j-v[i]]+w[i]);
        }
    }
    cout<<dp[n];
}
```

例 4-7

题目名字：小 A 点菜。

题目描述：

小 A 去餐馆吃饭，由于之前买了一些书，口袋里只剩 M 元钱（$M \leq 10000$）。

餐馆虽低端，但是菜品种类不少，有 N 个品种（$N \leq 100$），第 i 种卖 a[i] 元（a[i] ≤ 1000）。餐馆备菜有限，每种菜品只有一份。

小 A 奉行"不把钱吃光不罢休"的原则，点菜一定刚好把身上所有钱花完。他想知道有多少种点菜方法。

由于小 A 肚子太饿，所以最多只能等待 1 秒。

输入格式：

第 1 行是 2 个数字（n、m）；

第 2 行是 n 个正整数 a[i]（可以有相同的数字，每个数字均在 1000 以内）。

输出格式：

1 个正整数，表示点菜方案数，保证答案在 int 类型范围内。

输入样例：

4 4

1 1 2 2

输出样例：

3

 思路分析：

由于"每种菜品只有一份"，所以本例题是01背包问题，与前两道例题不同的是，这里求的不是最大价值而是方案数。

在01背包问题中，我们是针对第 i 个物品要或者不要的情况，求一个最大价值。而本例题要计算的是方案数，如果不要第 i 个物品，则前 $i-1$ 个物品有多少种方案，现在都可以变成前 i 个物品的方案。如果要第 i 个物品，那么前 $i-1$ 个物品在背包容量减少的情况下的所有情况，也都可以转移过来。所以总方案数是第 i 个物品要和不要两种情况的和。

需要注意的是，当 $j=0$ 时，不选择任何一种菜品，也是一种方案，初始化 dp[0]=1。代码示例如下：

```cpp
#include<iostream>
#include<iomanip>
using namespace std;
int dp[10005],a[102];
int main(){
    int m,n,i,j;
    cin>>n>>m;
    for(i=1;i<=n;i++){
        cin>>a[i];
    }
    dp[0]=1;
    for(i=1;i<=n;i++){
        for(j=m;j>=a[i];j--){
            dp[j]=dp[j]+dp[j-a[i]];
        }
    }
    cout<<dp[m];
    return 0;
}
```

4.4.2 多重背包问题

在前面的01背包问题中，每种物品只能选1次，我们稍微扩展一下：现在允许一种物品选多次，规定第 i 种物品重量是 w[i]，价值是 v[i]，并且最多可以选 m[i] 次。这类问题就叫作多重背包问题。请注意，虽然一种物品是有多件的，但不一定要用，也不一定要用 m[i] 次，可以随便选用几次。

例 4-8

题目名字：P1776 宝物筛选。

题目描述：

小 F 对洞穴里的宝物进行了整理，他发现每种宝物都有一件或者多件。他粗略估算了下每种宝物的价值,之后便开始了宝物筛选工作:小F有一个最大载重为W的采集车,洞穴里总共有n种宝物,每种宝物的价值为v[i],重量为 w[i],每种宝物有 m[i] 件。小F希望在采集车不超载的前提下,选择一些宝物装进采集车,使得它们的价值之和最大。

输入格式:

第1行为2个整数(n、W),分别表示宝物种类和采集车的最大载重。

按下来 n 行,每行有 3 个整数(v[i]、w[i]、m[i])。

输出格式:

1个整数,表示在采集车不超载的情况下收集的宝物的最大价值。

输入样例:

4 20

3 9 3

5 9 1

9 4 2

8 1 3

输出样例:

47

说明/提示:

对于 30% 的数据, $n \leqslant \sum m[i] \leqslant 10^4, 0 \leqslant W \leqslant 4 \times 10^3$;

对于 100% 的数据, $n \leqslant \sum m[i] \leqslant 10^5, 0 \leqslant W \leqslant 4 \times 10^4, 1 \leqslant n \leqslant 100$。

 思路分析:

一个简单的思路就是化归,想办法把多重背包问题转化成 01 背包问题。考虑到既然每种物品有 m[i]件,而这 m[i]件物品都是一样的重量和价格,可以随便取若干件。不妨将这种最多能用 m[i] 次的物品,拆分成 m[i] 种只能用一次的物品,如此一来就又回归 01 背包问题了。在之前的代码中加一层循环,对于第 i 种物品,加一层 k 的循环,进行 m[i]次,最里面还是正常循环背包容量,代码示例如下:

```
ll n, c;
cin >> n >> c;
for (int i = 1; i <= n; ++i) {
    //v、w、m 不需要是数组,详见下文
    ll v, w, m;
    cin >> v >> w >> m;
    for (int k = 0; k < m; ++k) {//拆分成 m 种只能用一次的物品
        for (int j = c; j >= v; --j) {
            dp[j] = max(dp[j], dp[j - v] + w);
        }
    }
}
```

这里有一个优化技巧，虽然例题中 v[i]、w[i]、m[i] 是 3 个数组，但是在实际编写代码时，不需要用数组来存储所有物品的信息。因为处理完第 i 种物品后，这个物品的重量、价值和件数就没有用了。所以可以用 3 个变量 v、m、w 来存储第 i 种物品的信息，处理完以后，下次循环把新的物品信息还存在这 3 个变量里，覆盖掉前面的值。

可以看到，上述代码和标准 01 背包问题的代码相比，只是多了一个 k 的循环，其他代码一模一样。这个做法在数据范围不大的情况下，简洁有效。我们分析一下时间复杂度：因为每种物品的件数变成了物品种类数，那么总的虚拟物品种类数应该是 $\sum m[i]$，背包容量是 W，则总的时间复杂度是 $O\left(W\sum m[i]\right)$，按照本题的数据范围，计算量是 4×10^9，会超时。

再考虑另外一种思路：多重决策。多重背包问题和 01 背包问题相比，主要的区别就在于：对于 01 背包问题中的前 i 个物品，当背包容量为 j 时，只有两种决策，要当前物品或者不要当前物品。但是在多重背包问题中，不止这两种决策，还可以选择某种物品要 2 次，要 3 次，…，要 m[i] 次。这种决策方式，我们叫作多重决策，如图 4.4 所示。

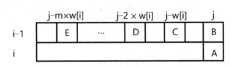

图 4.4　多重决策

我们知道，对于 01 背包问题，当计算 dp[i][j]（位置 A）的值时，它的值是从位置 B 和位置 C 转移而来的。但是对于多重背包问题，除了位置 B 和位置 C，我们可以继续考虑当前物品要 2 次，这时候 dp[i][j]=dp[i-1][j-2*w[i]]+2*v[i]，即背包容量减掉当前物品 2 次的重量后，在前 $i-1$ 个物品中能取到的最大价值，加上两倍当前物品的价值，即从图 4.4 中位置 D 转移而来。同理，当前物品可以要 3 次、4 次，一直到 m[i] 次，这些位置得到的值，最终取最大的一个就是 dp[i][j]。状态转移方程为

dp[i][j]=max{dp[i-1][j],dp[i-1][j-w[i]]+v[i],dp[i-1][j-2*w[i]+2*v[i],　　　…　　　,dp[i-1][j-m[i]*w[i]]+m[i]*v[i]}

当然，前提条件是背包容量 j 够取当前物品 m[i] 次。如果不够，背包容量除以物品重量的商，就是最大能取当前物品的次数，代码示例如下：

```cpp
ll n, c;
cin >> n >> c;
for (int i = 1; i <= n; ++i) {
    //v,w,m 不需要是数组
    ll v, w, m;
    cin >> v >> w >> m;
    for (int j = c; j>=0; --j){
        for(int k = 1;k<=m && k*w<=j;++k){//当前物品要取 k 次
            dp[j] = max(dp[j],dp[j-k*w]+k*v);
        }
    }
}
```

请注意这种思路和化归的不同之处。多重决策算法的第 2 层循环是背包容量，第 3 层循环枚举当前物品要几次。而化归的第 2 层循环是将当前物品拆分成 m[i] 种只能要 1 次的物品，第 3 层循环是背包容量。可以看到，这两种思路只是循环顺序交换了，计算量并没有很大的区别。在本题的数据规模下，还是不能在时间限制内通过。

下面介绍一个优化技巧：**二进制拆分优化**。不妨设当前物品的重量为 w，价值为 v，有 10 件，由于 10=1+2+4+3，我们可以把这种有 10 件的物品，看成：

- 重量是 w，价值是 v 的物品（以下称为 1 倍物品）1 件；
- 重量是 2w，价值是 2v 的物品（以下称为 2 倍物品）1 件；
- 重量是 4w，价值是 4v 的物品（以下称为 4 倍物品）1 件；
- 重量是 3w，价值是 3v 的物品（以下称为 3 倍物品）1 件。

我们要求上面的 4 种物品都是只能要 1 次的，这样就转化成了有 4 种物品的 01 背包问题，比优化前转换为 10 种物品的 01 背包问题物品更少，运行速度更快。这种拆分方法，是把物品的使用次数拆分成多个 2 的整数次幂的和的形式，拆分的过程特别像把十进制整数转换成二进制整数的过程，所以该优化方法叫作二进制拆分优化。

为什么这么做是正确的呢？考虑到在最优决策情况下，当前物品所有可能取到的次数是 0~10 之间的数，而用二进制拆分优化，所有 0~10 之间的整数，都能用这 4 个数字的相加表示出来。例如，3=1+2，8=1+3+4，10=1+2+4+3……优化后总的时间复杂度降低为 $O(w\sum\log m[i])$。

代码示例如下：

```
ll n, c;
cin >> n >> c;
for (int i = 1; i <= n; ++i) {
    ll v, w, m;
    cin >> v >> w >> m;
    ll k;
    for (k = 1; k <= m; k <<= 1) { //当前是 k 倍物品，k 每次左移一位相当于乘以 2，依次枚举 1 倍物品，2 倍物品，4 倍物品……
        for (int j = c; j >= k * w; --j) {
            dp[j] = max(dp[j], dp[j - k * w] + k * v);//此时的物品重量变成 k*w,价值变成 k*v
        }
        m -= k;//从总和 m 里减掉 k
    }
    for (int j = c; j >= m * w; --j) {//最后剩下一个 m 倍物品
        dp[j] = max(dp[j], dp[j - m * w] + m * v);
    }
}
```

注：关于本题，实际上还有更好的单调队列优化方式，本书不做介绍，感兴趣的可以自行查阅。

4.4.3　完全背包问题

之前的 01 背包问题是每种物品最多要一次，多重背包问题是每种物品有多件，但是限制了最多使用次数。如果进一步扩展，每种物品的数量都是无限多，这类问题就叫作完全背包问题。

如果还是考虑化归，由于背包容量 C 是有限的，即便物品可以要无限次，但是实际上对于重量为 w[i] 的物品，能要的次数最多是 C/w[i] 次（除法向下取整），物品再多背包也装不下了。这样一来，问题就可以转换为多重背包问题。

如果不考虑化归，还是直接仿照多重决策的做法，那么对于每个物品来说，决策就不止要或者不要，而是可以选择：不要，要 1 次，要 2 次，要 3 次……直到背包装不下，如果用二维状态，对于第 i 个物品，重量是 w，价值是 v，状态转移方程就是：

$$dp[i][j] = \max\{dp[i-1][j], dp[i-1][j-w]+v, dp[i-1][j-2w]+2v,$$
$$dp[i-1][j-3w]+3v, \cdots\} \tag{4-1}$$

也就是在计算 dp[i][j] 时，需要循环 j/w 次，去枚举每种可能性，最后找最大价值。这样我们又多了一层循环，时间复杂度较高，能否优化？

注意，在求 dp[i][j] 之前，我们已经计算完 dp[i][j-w] 这个位置的值了：

$$dp[i][j-w] = \max\{dp[i-1][j-w], dp[i-1][j-2w]+v, dp[i-1][j-3w]+$$
$$2v, dp[i-1][j-4w]+3v, \cdots\} \tag{4-2}$$

仔细对比式（4-2）和式（4-1），从式（4-1）的第 2 项开始看：

$$dp[i-1][j-w]+v$$

式（4-2）的第 1 项是：

$$dp[i-1][j-w]$$

它们之间相差了一个 v，同理，观察式（4-1）的第 3 项是：

$$dp[i-1][j-2w]+2v$$

式（4-2）的第 2 项是：

$$dp[i-1][j-2w]+v$$

也是相差了一个 v，可以看出，当计算 dp[i][j] 时，从第 2 项开始，每一项都是跟 dp[i][j-w] 对应的，只是相差了一个 v 而已，所以我们没有必要去计算这些项的最大值，它们的最大值就等于 dp[i][j-w]+v。

因此，在计算 dp[i][j] 时就没必要用循环了，可以得到：

$$dp[i][j] = \max\{dp[i-1][j], dp[i][j-w]+v\} \tag{4-3}$$

再回顾一下 01 背包问题的状态转移方程：

$$dp[i][j] = \max\{dp[i-1][j], dp[i-1][j-w]+v\} \tag{4-4}$$

可以看到，式（4-3）和式（4-4）几乎是一样的，只不过 01 背包问题是从上一行的位置 j 和位置 j-w 转移的，而完全背包问题是从上一行的位置 j 和当前行的位置 j-w 转移的，如图 4.5 所示。我们要求的是 dp[i][j] 的值（位置 A），如果是 01 背包问题，它的值从位置 B 和位置 C 转移；如果是完全背包问题，它的值从位置 B 和位置 D 转移。

注意，位置 C 是上一行的第 j 列，而位置 D 是当前行的第 j 列。这个结论也可以理解成：因为现在某种物品有无限件，可以从上一次拿过这种物品的位置转移，看看是否可以再拿一次。

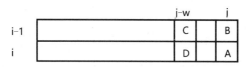

图 4.5　完全背包问题的状态转移

这样，完全背包问题的代码和 01 背包问题的代码几乎一样，接下来再考虑完全背包问题能否压缩到一维空间？上文提到，01 背包问题如果要用一维数组，需要把背包容量的循环按从大到小的顺序进行。因为每次计算均依赖当前行左边的值，必须保证左边的值还没被覆盖成当前物品的值。而完全背包问题的状态转移方程就是要使用当前行左边的值，被覆盖成当前物品的值后正好就是我们想要的，所以完全背包问题压缩空间以后的代码，跟 01 背包问题几乎没有区别，只是把背包容量的循环恢复成正序。

例 4-9

题目名字：P1616 疯狂的采药。

题目描述：

LiYuxiang 是一个天资聪颖的孩子，他的梦想是成为世界上最伟大的医师。为此，他想拜附近最有威望的医师为师。医师为了判断他的资质，给他出了一道难题。医师把他带到一个到处都是草药的山洞里对他说："孩子，这个山洞里有一些不同种类的草药，采每一种都需要一些时间，每一种也有它自身的价值。我会给你一段时间，如果你是一个聪明的孩子，你应该可以让采到的草药的总价值最大。"

假设每种草药可以无限制地"疯狂"采摘。

输入格式：

第 1 行有 2 个整数，分别代表总共能够用来采药的时间 t 和山洞里草药的种类 m。

第 2～m+1 行，每行有 2 个整数，第 i+1 行的整数 a[i]、b[i] 分别表示采摘第 i 种草药的时间和该草药的价值。

输出格式：

1 行，包含 1 个整数，表示在规定的时间内可以采到的草药的最大总价值。

输入样例：

70 3

71 100

69 1

1 2

输出样例:

140

说明/提示:

对于30%的数据，保证 $m \leqslant 10^3$；

对于100%的数据，保证 $m \leqslant 10^4$，$1 \leqslant t \leqslant 10^7$，且 $1 \leqslant mt \leqslant 10^7$，$1 \leqslant a[i]$、$b[i] \leqslant 10^4$。

 思路分析:

本例题和例4-4几乎完全一致，只是把01背包问题改为完全背包问题，并且背包容量的最大值更大。按照上文的讨论，我们只需要把第2层循环改为正序即可。代码示例如下:

```cpp
#include<cstdio>
#include<algorithm>

using namespace std;
typedef long long ll;
ll t, m, w, v, dp[10000005];//w是重量，v是价值
int main() {
    scanf("%lld%lld", &t, &m);
    for (int i = 1; i <= m; i++) {
        scanf("%lld%lld", &w, &v);
        for (int j = w; j <= t; j++) {
            dp[j] = max(dp[j - w] + v, dp[j]);
        }
    }
    printf("%lld\n", dp[t]);
    return 0;
}
```

4.4.4 分组背包问题

前面介绍的01背包问题、多重背包问题和完全背包问题，物品之间都没有关系。一种物品要不要，要几个，都不会影响其他物品的选取。如果物品之间相互影响，比如所有的物品分为 k 组，每组内最多只能选一种物品，这样的问题就叫作分组背包问题。

分组背包问题比较好解决，假设所有的物品分为 k 组，第1组物品中包含 n1 种不同的物品，第2组物品中包含 n2 种不同的物品，…，第 k 组物品中包含 nk 种不同的物品，每种物品都只能要一次。不妨把每组看作一个大的物品，决策方式是: 不要，要组内第1种物品，要组内第2种物品，…，要组内第 n1 种物品。再去看第2组，以此类推，二维状态 dp[i][j] 表示当只考虑前 i 组物品，且背包容量为 j 时，能拿到物品的最大价值。即:

$$dp[i][j] = \max\{dp[i-1][j], dp[i-1][j-w1]+v1, dp[i-1][j-w2]+$$
$$v2, \cdots, dp[i-1][j-wnk]+vnk\}$$

式中，w1、w2、…、wnk 表示组内每种物品的重量，v1、v2、…、vnk 表示组内每种物品的价值。

伪代码如下：

```
当前枚举第 k 组：
    倒序枚举背包容量，目前容量为 j
        对于每个属于第 k 组的物品 i
            f[j]=max{f[j],f[j-w[i]]+v[i]}
```

例 4-10

题目名字：P1064【NOIP2006 提高组】金明的预算方案。

题目描述：

金明今天很开心，家里购置的新房就要领钥匙了，新房里有一间金明自己专用的很宽敞的房间。更让他高兴的是，妈妈昨天对他说："你的房间需要购买哪些物品，怎么布置，你说了算，只要不超过 n 元钱就行。"今天一早，金明就开始做预算了，他把想买的物品分为两类：主件与附件，附件是从属于某个主件的，下表列举了一些主件与附件的例子：

主 件	附 件
计算机	打印机，扫描仪
书柜	图书
书桌	台灯，文具
工作椅	无

如果要买归类为附件的物品，必须先买该附件所属的主件。每个主件可以有 0 个、1 个或 2 个附件。每个附件对应 1 个主件，附件不再有从属于自己的附件。金明想买的东西很多，肯定会超过妈妈限定的 n 元钱。于是，他把每件物品规定了一个重要度，分为 5 等，用整数 1~5 表示，第 5 等最重要。他还从网上查到了每件物品的价格（都是 10 元钱的整数倍）。他希望在不超过 n 元钱的前提下，使每件物品的价格与重要度的乘积的总和最大。

设第 j 件物品的价格为 v[j]，重要度为 w[j]，共选中了 k 件物品，编号依次为 j1,j2,…,jk，则所求的总和为

$$v[j1] \times w[j1] + v[j2] \times w[j2] + \ldots + v[jk] \times w[jk]$$

请帮助金明设计一个满足要求的购物清单。

输入格式：

第 1 行为 2 个整数，分别表示总钱数 n 和希望购买的物品个数 m。

第 2~m+1 行，每行 3 个整数，第 i+1 行的整数 v[i]、p[i]、q[i] 分别表示第 i 件物

品的价格、重要度以及它对应的主件。如果q[i]=0，表示该物品本身就是主件。

输出格式：

1行，1个整数，表示答案。

输入样例：

1000 5

800 2 0

400 5 1

300 5 1

400 3 0

500 2 0

输出样例：

2200

说明/提示：

对于全部测试点，保证$1 \leqslant n \leqslant 3.2 \times 10^4$，$1 \leqslant m \leqslant 60$，$0 \leqslant v[i] \leqslant 10^4$，$1 \leqslant p[i] \leqslant 5$，$0 \leqslant q[i] \leqslant m$，答案不超过$2 \times 10^5$。

 思路分析：

首先明确物品的价值是什么，按照本题的定义，每个物品的价值是它的价格和重要度的乘积。所以在输入物品信息时，可以提前计算好这个价值，存在数组里面。而每个物品的价格，其实就相当于01背包问题里每个物品的重量，总的花费相当于背包容量。

另外，本例题是有依赖的情况，如果要购买附件，就必须购买主件。这个依赖关系可以转化成分组背包问题。对于每个主件，最多有2个附件，因此，所有的购买情况包括：全都不要，只要主件，要主件和1号附件，要主件和2号附件，要主件和1号、2号附件，共计5种情况。那么对于一个主件和它的附件，我们创建4个虚拟物品：

● 第1个虚拟物品表示只要主件的情况，它的价值对应主件的价值，它的重量对应主件的价格。

● 第2个虚拟物品表示要主件和1号附件的情况，它的价值对应主件和1号附件的价值之和，它的重量对应主件和1号附件的价格之和。

● 第3个虚拟物品表示要主件和2号附件的情况，它的价值对应主件和2号附件的价值之和，它的重量对应主件和2号附件的价格之和。

● 第4个虚拟物品表示要主件和2个附件的情况，它的价值对应主件和2个附件的价值之和，它的重量对应主件和2个附件的价格之和。

上述4个虚拟物品，最多只能选一个，或者一个都不选。我们可以看作这4个物品是一个分组里的。这样一来，每个主件及其附件的依赖关系，就转化成了分组背包问题，可以套用之前的模型来计算了。

代码示例如下：

```
#include<iostream>
#include<vector>
#include<iostream>
#include<vector>

using namespace std;
int n, m;
//结构体 Thing 存入原始的每个物品
struct Thing {
    int cost;   //cost 表示物品价格
    int w;      //w 表示物品价值，价值是价格和重要度的乘积
    int q;      //q 表示物品重要度
} b[65];
int dp[32005]; //dp[i]表示花 i 元钱最多能得到的价值

int main() {
    vector<int> a[65];//用 a[i]这个动态数组来装第 i 个物品的所有附件
    cin >> n >> m;
    n = n / 10;
    n = n * 10;//因为所有物品的价格都是 10 的倍数，那么钱数也先去掉个位，之后计算时只
考虑 10 的整数倍的背包容量
    for (int i = 1; i <= m; i++) {
        cin >> b[i].cost >> b[i].w >> b[i].q;//循环输入每件物品
        b[i].w *= b[i].cost;//计算每件物品的价格
        if (b[i].q != 0) {
            a[b[i].q].push_back(i);//如果是附件，在它对应的主件（数组 a）记录附件的
编号
        }
    }
    for (int i = 1; i <= m; i++) {
        if (b[i].q != 0) {
            continue;//只看主件，遇到附件跳过去
        }
        for (int j = n; j >= 0; j = j - 10) {//枚举背包容量
            if (j >= b[i].cost) {
                dp[j] = max(dp[j], dp[j - b[i].cost] + b[i].w);//看看主件要不要
            }
            if (a[i].size() >= 1) {//如果有附件
                if (j >= b[i].cost + b[a[i][0]].cost) {//是否要主件和 1 号附件
                    dp[j] = max(dp[j], dp[j - b[i].cost - b[a[i][0]].cost] + b[i].w
+ b[a[i][0]].w);
                }
            }
            if (a[i].size() == 2) {//如果不止 1 个附件
                if (j >= b[i].cost + b[a[i][1]].cost) {//是否要主件和 2 号附件
                    dp[j] = max(dp[j], dp[j - b[i].cost - b[a[i][1]].cost] + b[i].w
+ b[a[i][1]].w);
```

```
            }
            if (j >= b[i].cost + b[a[i][0]].cost + b[a[i][1]].cost) {//是否
要主件和所有附件
                dp[j] = max(dp[j], dp[j - b[i].cost - b[a[i][0]].cost -
b[a[i][1]].cost] + b[i].w + b[a[i][0]].w +
                                    b[a[i][1]].w);
            }
        }
    }
}
cout << dp[n] << endl;
return 0;
}
```

例 4-11

题目名字：P1510 精卫填海。

题目描述：

发鸠之山，其上多柘木。有鸟焉，其状如乌，文首，白喙，赤足，名曰精卫，其名自詨。是炎帝之少女，名曰女娃。女娃游于东海，溺而不返，故为精卫。常衔西山之木石，以堙于东海。

——《山海经》

精卫终于快把东海填平了！只剩下最后的一小片区域了。同时，西山上的木石也已经不多了。精卫能把东海填平吗？

假设东海未填平的区域还需要至少体积为 v 的木石才可以填平，而西山上的木石还剩下 n 块，每块的体积和把它衔到东海需要耗费的体力分别为 k 和 m。精卫已经填海填了这么长时间了，她也很累了，剩下的体力为 c。

输入格式：

第 1 行是 3 个整数：v、n、c。

第 2～n+1 行分别为每块木石的体积和把它衔到东海需要耗费的体力。

输出格式：

1 行，如果精卫能把东海填平，则输出她把东海填平后剩下的最大体力，否则输出 Impossible。

输入样例 1：

100 2 10

50 5

50 5

输出样例 1：

0

输入样例2:

10 2 1

50 5

10 2

输出样例2:

Impossible

 思路分析:

根据题意，剩下的 n 块木石每块最多可以用一次，也可以选择不用，所以，这是一个01 背包问题。定义 dp[i][j]表示体力为 j 时，只考虑前 i 块木石的情况下所获得的最大体积。

状态转移方程为

$$dp[i][j]=\max\{dp[i][j], dp[i-1][j-w[i]]+val[i]\}$$

式中，w[i]表示将第 i 块木石衔到东海耗费的体力，val[i]表示这块木石的体积。

此例题需要求的是付出全部体力的情况下能否获得填平东海的体积，也就是需要判断 dp[n][c]是否大于或等于 v，如果小于 v，输出 Impossible。如果可以达到体积 v，需要找到最小体力 i，满足 dp[n][i]大于或等于 v。剩余的最大体力为 $c-i$。

此例题同样可以使用一维数组实现，具体代码如下：

```cpp
#include<iostream>
using namespace std;
int val[10005],w[10005],dp[10005];
int main(){
    int v,n,c,j,i;
    cin>>v>>n>>c;
    for(i=1;i<=n;i++){
        cin>>val[i]>>w[i];
    }
    for(i=1;i<=n;i++){
        for(j=c;j>=w[i];j--){ //体力是j
            dp[j]=max(dp[j],dp[j-w[i]]+val[i]);
        }
    }
    if(dp[c]<v) cout<<"Impossible";
    else{
        for(i=0;i<=c;i++){
            if(dp[i]>=v) {
                cout<<c-i;
                return 0;
            }
        }
    }
    return 0;
}
```

例 4-12

题目名字：P1504 积木城堡。

题目描述：

XC 的孩子小 XC 最喜欢玩的游戏是用积木搭建漂亮的城堡。城堡是用一些立方体的积木垒成的，城堡的每一层用一块积木，每一块积木垒在前一块积木的上方。

小 XC 是一个聪明的孩子，他发现在垒城堡时，如果下面的积木比上面的积木大，那么城堡便不容易倒。所以他在垒城堡时总是遵循这样的规则。

小 XC 想把自己垒的城堡送给幼儿园里漂亮的女孩子们，这样可以增加他的好感度。为了公平起见，他决定送给每个女孩子一样高的城堡，这样可以避免女孩子们发生争执。

可是他发现自己在垒城堡的时候并没有预先考虑到这一点。所以他现在要改造城堡。由于没有多余的积木了，他灵机一动，想出了一个巧妙的改造方案。他决定从每一座城堡中挪去一些积木，使得最终每座城堡都一样高。为了使他的城堡更雄伟，他觉得应该使最后的每座城堡都尽可能高。

请帮助小 XC 编一个程序，根据他垒的所有城堡的信息，决定应该移去哪些积木才能获得最佳效果。

输入格式：

第 1 行是一个整数 n，表示一共有 n 座城堡。

接下来 n 行，每行都是一系列非负整数，用一个空格分隔，按从下往上的顺序依次给出一座城堡中所有积木的棱长。用 -1 结束。

输出格式：

1 个整数，表示最后城堡的最大可能高度。

如果找不到合适的方案，则输出 0。

输入样例：

2

2 1 -1

3 2 1 -1

输出样例：

3

说明/提示：

对于 100% 的数据，$1 \leqslant n \leqslant 100$，一座城堡中的积木不超过 100 块，每块积木的棱长不超过 100。

 思路分析：

n 座城堡是相互独立的，可以单独考虑。

对于当前正在考虑的城堡，每块积木只能选取一次或不选，所以此题为 01 背包问题。每块积木是否选取会影响城堡的高度，用 dp[i][j] 来存储前 i 块积木能否到达高度 j。dp[i][j]=0 代表不能达到高度 j；dp[i][j]=1 表示可以达到高度 j。

状态转移方程是一个条件：

$$if(dp[i][j-a[i]]==1) \ dp[i][j]=1;$$

即对于当前积木的高度 a[i]，如果之前城堡的高度 $j-a[i]$ 能达到，那么现在城堡的高度 j 也能达到。这样使用 01 背包问题的求解思路即可计算出当前城堡能达到的所有高度。

现在题目要求的是哪个高度是所有城堡都能达到的。我们需要利用"桶"来统计所有 n 座城堡可以达到高度 j 的次数，即用 t[j] 表示，在 n 座城堡中有 t[j] 座城堡能达到高度 j。这样在处理完每座城堡后，如果某个高度能达到，就在数组 t[j] 的对应位置加 1。n 座城堡所能达到的高度都统计结束后，如果有 t[j]=n，说明高度 j 出现了 n 次，找出最大的 j 即可。

一维数组代码示例如下：

```cpp
#include<iostream>
#include<cstring>
using namespace std;
int dp[10005],a[105],t[10005];
int main(){
    int n,i,j,h,x,max=0,k,sum,p;
    cin>>n;
    for(k=1;k<=n;k++){              //n 座城堡
        sum=0;p=0;                 //初始化每座城堡的最大高度和积木数量
        while(cin>>x){             //读入积木信息
            if(x==-1) break;
            a[++p]=x;
            sum+=x;
        }
        if(sum>max) max=sum;       //存储最高的城堡高度，得出桶的最大范围
        memset(dp,0,sizeof(dp));
        dp[0]=1;                   //初始化高度为 0 时可以达到
        for(i=1;i<=p;i++){
            for(j=sum;j>=a[i];j--){
                if(dp[j-a[i]]==1){//高度 j-a[i] 可以到达
                    dp[j]=1;      //加上当前积木，就能达到高度 j
                    t[j]++;       //城堡能达到高度 j 的次数加 1
                }
            }
        }
    }
    for(i=max;i>=0;i--){           //找到出现 n 次的最大的高度
        if(t[i]==n){
            cout<<i;
            return 0;
        }
    }
}
```

```
    cout<<0;
    return 0;
}
```

例 4-13

题目名字：P1679 神奇的四次方数。

题目描述：

如果一个正整数 x 能被表示成另一个正整数 y 的四次方的形式，我们就称 x 为四次方数。

将一个整数 m 分解为 n 个四次方数的和，要求 n 最小。例如，$m=706706=5^4+3^4$，则 $n=2$。

输入格式：

1 行，1 个整数 m。

输出格式：

1 行，1 个整数 n。

输入样例：

706

输出样例：

2

 思路分析：

首先我们需要把这道例题转换成背包问题。因为要把整数 m 分解为四次方数相加的形式，可以把每个四次方数看作物品，将四次方数的大小看作物品的重量。物品的价值永远是 1，因为选一次就代表多了一个数字。最终要凑成的整数 m 可看作背包的容量。我们需要在容量正好用光的情况下，找到最小总价值。

下面确定背包类型，对于每个四次方数可以不选，也可以使用无限次，显然这是一个完全背包问题。我们可以预先找出所有 m 以内的四次方数，并存储到数组 a 中备用。

```
a[1]=1;
while(a[i]<=m){
    i++;
    a[i]=i*i*i*i;              //数组 a 存储不同的四次方数
}
n=i-1;                         //小于 m 的四次方数有 n 个
```

接下来就与完全背包问题的解决方法一样了，dp[i][j]存储构成数字 j 所选取的前 i 个四次方数所需要的最少数量。由于希望获得最少数量，所以 dp[i][j]要初始化为最大。同样，我们可以把数组 dp 压缩到一维。

状态转移方程为

$$dp[j]=\min\{dp[j],\ dp[j-a[i]]+1\}$$

初始时总和为 0 是可以构成的，且不需要数字，所以 dp[0]=0。代码示例如下：

```cpp
#include<iostream>
#include<cstring>
using namespace std;
int a[100],dp[100005];
int main(){
    int n,m,i=1,j;
    cin>>m;
    a[1]=1;
    while(a[i]<=m){                    //数组 a 存储不同的四次方数
        i++;
        a[i]=i*i*i*i;
    }
    n=i-1;                             //小于 m 的四次方数有 n 个
    memset(dp,0x3f,sizeof(dp));        //数组 dp 初始化为无穷大
    dp[0]=0;
    for(i=1;i<=n;i++){                 //完全背包问题
        for(j=a[i];j<=m;j++){
            dp[j]=min(dp[j],dp[j-a[i]]+1);
        }
    }
    cout<<dp[m];
    return 0;
}
```

4.4.5 二维费用背包问题

上文所有背包问题的费用都是一维的，即每个物品有自己的重量。我们再进行一个简单的扩展，假设每个物品有二维费用，比如每个物品有自己的重量和体积，背包的限制也是二维的，总重量不能超过限制，总体积也不能超过限制，问如何选取物品能使得总价值最大。

既然费用多了一维，那么状态也可以增加一维。设 dp[i][v][u] 表示前 i 件物品付出的两种费用分别为 v 和 u 时可获得的最大价值，用 c[i] 和 d[i] 表示每种物品的两种费用。状态转移方程就是：

$$dp[i][v][u] = \max\{dp[i-1][v][u], dp[i-1][v-c[i]][u-d[i]]+w[i]\}$$

如上文所述优化空间复杂度的方法，可以只使用二维的数组：当每件物品只可以用一次时，v 和 u 采用逆序的循环；当物品类似完全背包问题时，u 和 v 采用顺序的循环；当物品类似多重背包问题时，拆分物品。

例 4-14

题目名字：P1507 NASA 的食物计划。

题目描述：

航天飞机的体积有限，如果运载过重的物品，燃料会花费很多钱。每件带上航天飞机的食品都有各自的体积、质量以及所含卡路里，在已知体积和质量的最大值的情况下，请输出各种食品方案中所含卡路里的最大值（每个食品只能使用一次）。

输入格式：

第 1 行：2 个数，体积最大值（小于 400）和质量最大值（小于 400）。

第 2 行：1 个数，食品总数 n（小于 50）。

第 3~3+n 行：每行 3 个数，体积（小于 400）、质量（小于 400）以及所含卡路里（小于 500）。

输出格式：

1 个数，卡路里能达到的最大值（int 类型范围内）。

输入样例：

320 350

4

160 40 120

80 110 240

220 70 310

40 400 220

输出样例：

550

 思路分析：

将该例题转化为背包问题：每种食物可看作一种物品，食物的重量和体积可看作二维费用，食物的卡路里可看作价值，两种背包容量限制可看作允许携带的总重量和体积的限制。代码示例如下：

```cpp
#include <iostream>
using namespace std;
int dp[405][405];
int vMax, mMax, n;
int main() {
    cin >> vMax >> mMax >> n;
    for (int i = 1; i <= n; ++i) {
        int v, m, c;
        cin >> v >> m >> c;
```

```
        for (int j = vMax; j >= v; --j) {
            for (int k = mMax; k >= m; --k) {
                dp[j][k] = max(dp[j][k], dp[j - v][k - m] + c);
            }
        }
    }
    cout << dp[vMax][mMax] << endl;
    return 0;
}
```

4.5　区间动态规划与多维动态规划

本章前几节介绍的动态规划都是线性动态规划，通常可以按照从小到大的顺序递推，或者一种接一种物品加入考虑范围，从前面的物品转移。本节介绍一类特殊的线性动态规划——区间动态规划，以及更复杂的多维动态规划。它们的特点是不能按照一个方向递推。

4.5.1　区间动态规划

区间动态规划也是线性动态规划的一种，但在之前我们讨论的动态规划问题中，一般状态里面都会有一个"终点"和固定的方向，例如，在最长上升子序列问题中，dp[i]表示以第 i 个数结尾时的最长上升子序列，在计算 dp[i] 时，需要用到比 i 小的 j 位置的 dp[j]，我们可以按照 i 从小到大的顺序依次计算，保证每次计算时需要的值已经算过了。

但是区间动态规划，往往不能找到一个明确方向，而是把状态定义在一段区间上，对于区间上状态的值，力求用更短的区间表示出来。接下来看一个例题：

例 4-15

题目名字：T113701 石子合并（简单版）。

题目描述：

n 堆石子摆成一条线。现在要将石子有次序地合并成 1 堆石子。规定每次只能选相邻的 2 堆石子合并成新的 1 堆石子，并将新的 1 堆石子的数量记为该次合并的代价。计算将 n 堆石子合并成 1 堆石子的最小代价。

例如，1 2 3 4，有不少合并方法：

1 2 3 4 ➝ 3 3 4(3) ➝ 6 4(9) ➝ 10(19)

1 2 3 4 ➝ 1 5 4(5) ➝ 1 9(14) ➝ 10(24)

1 2 3 4 ➝ 1 2 7(7) ➝ 3 7(10) ➝ 10(20)

括号里面为总代价，可以看出，第一种方法的总代价最小。

输入格式:

第 1 行: N（N 不超过 100）。

接下来 N 行: N 堆石子分别含有的石子数量（每堆石子的数量不超过 10000）。

输出格式:

最小合并代价。

输入样例:

4

1 2 3 4

输出样例:

19

 思路分析:

初看这一例题，第一反应还是会想到贪心策略：先尽可能合并小的，后合并大的。但是数组中比较小的元素并不一定相邻，我们很容易找到反例。例如，初始 4 堆石子分别是 3、2、2、3，按照贪心策略先合并中间 2 堆，变成 3、4、3，然后合并前 2 堆，变成 7、3，最后合并成 1 堆，总代价是 4+7+10=21。

但是如果先合并前 2 堆得到 5、2、3，再合并后 2 堆得到 5、5，最后合并成 1 堆，总代价是 5+5+10=20。比刚才更好，所以贪心策略并不适用。

不妨把数组中的第 i 个数到第 j 个数（包括 i 和 j）记为区间[i,j]，可以看出，对于区间[i,j]，把它们都合并成一个数字需要的代价，可以由它内部两个子区间合并得到。因此，二维状态 dp[i][j]可定义为把区间[i,j]按照某种顺序合并，最后合并成一个数字，所需要花费的最小代价。

先考虑初始状态，应该是区间长度为 1 的时候，对于所有的区间[i,i]，有 dp[i][i]=0，因为长度为 1 的区间不需要合并，没有代价。

再考虑状态转移，对于长度大于 1 的区间[i,j]，它在被合并成一个数字时，存在最后一次合并。而最后一次合并是把区间[i,k]和区间[k+1,j]合并在一起得到的，i≤k<j。对于这么多不同的 k 的取值，我们并不知道哪一种是最好的，因此可以尝试每一种可能性，直到找到某一个 k，使得 dp[i][j]最小，即

$$dp[i][j] = \min\{dp[i][k] + dp[k+1][j]\} + \sum_{x=i}^{j}a[x]$$

式中，a[i]是位置 i 上的数字，$\sum_{x=i}^{j}a[x]$是区间[i,j]中所有元素的和，因为不管 k 取什么值，最后一次的合并的代价都是相同的，所以可以把它放到 min 符号的外面。

容易发现，在计算大区间的值时，需要从更短的区间转移，所以区间动态规划的写法一般是最外层循环区间长度，把所有区间长度为 2 的区间计算出来，在计算区间长度为 3

的区间时，用区间长度为 1 和 2 的区间的状态计算。在计算区间长度为 4 的区间时，用区间长度小于 4 的区间的状态计算，以此类推。

代码示例如下：

```
cin >> n;
for (ll i = 1; i <= n; ++i) {
    cin >> a[i];
}
for (ll len = 2; len <= n; ++len) {
    //枚举区间长度
    for (ll i = 1; i + len - 1 <= n; ++i) {
        //用 i 枚举区间起点,j 是区间终点
        ll j = i + len - 1;
        dp[i][j] = dp[i][i] + dp[i + 1][j];
        for (ll k = i + 1; k < j; ++k) {
            dp[i][j] = min(dp[i][j], dp[i][k] + dp[k + 1][j]);
        }
        for (ll k = i; k <= j; ++k) {
            dp[i][j] += a[k];
        }
    }
}
cout << dp[1][n] << endl;
```

再看一个例子，是 1995 年全国赛 NOI 的题目。

例 4-16

题目名字：P1880 [NOI1995]石子合并。

题目描述：

在一个圆形操场的四周摆放 n 堆石子，现在要将石子有次序地合并成 1 堆石子。规定每次只能选相邻的 2 堆合并成新的 1 堆，并将新的 1 堆石子的数量记为该次合并的得分。

尝试设计 1 种算法，计算出将 n 堆石子合并成 1 堆石子的最低得分和最高得分。

输入格式：

第 1 行是正整数 n，$1 \leqslant n \leqslant 100$，表示有 n 堆石子;

第 2 行有 n 个数，分别表示每堆石子的个数。

输出格式：

2 行，第 1 行为最低得分，第 2 行为最高得分。

 思路分析：

本例题需要计算最低得分和最高得分，这并不困难，按照例题 4-15 的思路计算完最低

得分以后，把所有的求最小操作（min）换成求最大操作（max）即可。本例题的主要难点在于，现在这 n 堆石子不是一条线，而是一个环，首尾相接。

处理这种问题，有两种常见的方式，第 1 种是下标取模法，第 2 种是两倍长度法，下面分别介绍。

第 1 种方法是下标取模法，使用这种方法时，数组下标从 0 开始比较方便，我们不妨设数组中的数字存放在数组 $0 \sim n-1$ 位置上。

对于长度为 1 的区间，还是跟之前的做法一样，把所有 dp[i][i] 初始化成 0。

对于长度为 2 的区间，按照之前的做法全部列出，一共有 $n-1$ 个，分别是 dp[0][1]，dp[1][2]，…，dp[n-2][n-1]。但是对于环，因为首尾相接，其实还多了一个区间，从数组 $n-1$ 位置开始，到数组 0 位置结束，其答案存在 dp[n-1][0] 里。容易发现，对于这种环上的问题，dp[i][j] 中的 j 是可以小于 i 的。实际在编写代码时，对于所有从 i 出发，长度为 2 的区间，计算出来的值可以写在 dp[i][(i+1)%n] 位置上，这里的第 2 维下标对 n 取模，如果不超过 $n-1$，就是原来的值不变；如果超过 $n-1$，那么取模以后会得到一个比起点小的数字。例如，dp[n-1][n] 会被写在 dp[n-1][0] 位置上。下标取模法的优点是代码和例 4-15 中的做法基本一致，缺点是取模操作容易被遗忘，写完代码以后一定要仔细检查每个下标位置是否正确取模。

以计算最小值为例，代码示例如下：

```cpp
memset(dp, 0, sizeof(dp));
//先计算最小的值
for (int len = 2; len <= n; ++len) {
    //len 是区间长度
    for (int i = 0; i < n; ++i) {
        //i 是起始位置
        int sum = 0;
        int j = i + len - 1;
        for (int k = i; k <= j; ++k) {
            sum += a[k % n];
        }
        int t = dp[i][i] + dp[(i + 1) % n][j % n];
        for (int k = i + 1; k < j; ++k) {
            t = min(t, dp[i][k % n] + dp[(k + 1) % n][j % n]);
        }
        dp[i][j % n] = sum + t;
    }
}
int result = dp[0][n - 1];
for (int i = 0; i < n; ++i) {
    result = min(result, dp[i][(i + n - 1) % n]);
}
cout << result << endl;
```

最后的答案是在 dp[0][n-1],dp[1][0],dp[2][1],…,dp[n-1][n-2] 一共 n 个数里面取最小值。

第 2 种方法是两倍长度法,将原本长度为 n 的数组复制一遍,接到末尾,也就是 a[n+1]=a[1],a[n+2]=a[2],…,a[n+n]=a[n]。这样数组 dp 的第 2 个维度就可以超过 n,而超过 n 的部分的值等同于数组开头部分的值。以数组下标从 1 开始为例,对于长度为 2 的区间,其中有一个是首尾相接的,从数组 n 位置出发,结束于数组 1 位置,此时,它的值就写在数组 dp[n][n+1]位置上。而数组 a[n+1]位置的值等于数组 a[1]位置的值,结果是正确的。

两倍长度法的好处是,通常下标从 1 开始比较符合题目的描述,并且不需要记得在下标处取模,不容易写错。缺点是需要多计算一些区间的值。例如,对于长度为 2 的区间,需要计算 dp[n+1][n+2],这个数字其实和 dp[1][2]是没有区别的,但是仍然需要计算它,因为在后面求更长的区间时需要用到该值。

代码示例如下:

```
memset(dp,0,sizeof dp);
for (int len = 2; len <= n; ++len) {
    for (int i = 1; i + len - 1 <= 2 * n; ++i) {
        j = i + len - 1;
        dp[i][j] = dp[i][i] + dp[i + 1][j];
        for (int k = i + 1; k < j; ++k) {
            dp[i][j] = min(dp[i][j], dp[i][k] + dp[k + 1][j]);
        }
        for (int k = i; k <= j; ++k) {
            dp[i][j] += a[k];
        }
    }
}
int result = dp[1][n];
for (int i = 2; i <= n; ++i) {
    result = min(result, dp[i][n + i - 1]);
}
```

4.5.2 多维动态规划

多维动态规划是在线性动态规划的基础上增加维度,以解决更复杂的问题。

多维动态规划通常用来解决有更多属性的问题,若在基础的线性动态规划之上有更多状态和决策需要考虑,则将需要考虑的状态转换成动态规划中的维度。或者问题本身定义在一个二维平面上,或者多维空间里。接下来看一个例题:

例 4-17

题目名字:P1387 最大正方形。

题目描述:

在一个 $n \times m$ 的,只包含 0 和 1 的矩阵里找出一个不包含 0 的最大正方形,输出边长。

输入格式：

第1行为2个整数 n、m（$1 \leq n$、$m \leq 100$）；

接下来 n 行，每行有 m 个数字（0或1），用空格隔开。

输出格式：

1个整数，表示最大正方形的边长。

输入样例：

4 4

0 1 1 1

1 1 1 0

0 1 1 0

1 1 0 1

输出样例：

2

 思路分析：

通过前面的练习和敏锐的观察，我们能发现一个很明显的规律是：一个边长为 x 的正方形可以由4个边长为 x-1 的小正方形覆盖。在图4.6中，4个边长为 x-1 的小正方形（用阴影部分表示）组合在一起，可以得到一个边长为 x 的大正方形。

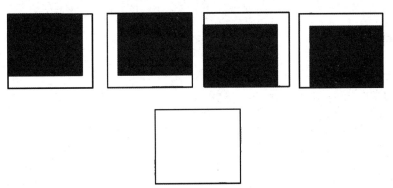

图4.6　正方形递推关系

如果4个小正方形都不包含0（正方形内部数字都是1），那么大的正方形必然也是。反过来，如果4个小正方形里面至少有1个内部有0，那么大正方形也必然内部有0。因此，很自然的想法就是通过边长从小到大递推，先计算每个小正方形是否"合法"，再用小正方形的信息去计算大正方形的信息，而不是枚举大正方形内部的每一个点去判断。顺着这个思路该如何定义状态呢，最直观的想法是建立bool类型数组：

dp[105][105][105][105];

4个维度分别表示左上角的点所在的行、左上角的点所在的列、右下角的点所在的行和右下角的点所在的列。值为 true 表示全是1，值为 false 表示不全是1。递推方程就是将大正方形拆分为 4 份，4 份都是 true，则大正方形也是 true，否则为 false。

能否进行优化呢？既然我们的递推顺序是边长从小到大，通过观察可以发现，只要正方形的边长和一个顶点坐标确定，这个正方形就是确定的。例如，左上角的点确定、边长确定，这个正方形就是确定的。因此可以优化掉一维空间，剩下的 3 个维度分别表示正方形边长、左上角的点所在的行、左上角的点所在的列。true 和 false 表示是否全是 1。创建数组：

bool dp[105][105][105];

随后使用 3 层循环，最外层枚举边长，内层循环枚举左上角的点所在的行和列。初始化是边长为 1 的正方形，也就是每一个点。如果第 i 行第 j 列的点自己是 1，那么这个点组成的边长为 1 的正方形合法，dp[1][i][j]=true，否则 dp[1][i][j]=false。另外需要注意的细节是，正方形不能越界超过地图。

示例代码如下：

```
#include <iostream>
#include <cstring>

using namespace std;
int n, m;
//3 个维度分别表示正方形边长、左上角的点所在的行、左上角的点所在的列。true 和 false 表
示是否全是 1
int dp[105][105][105];

int main() {
    cin >> n >> m;
    int r = 0;
    for (int i = 1; i <= n; ++i) {
        for (int j = 1; j <= m; ++j) {
            cin >> dp[1][i][j];
            if (dp[1][i][j]) {
                r = 1;
            }
        }
    }
    //枚举当前计算的正方形的边长
    for (int k = 2; k <= min(m, n); ++k) {
        for (int i = k; i <= n; ++i) {
            for (int j = k; j <= m; ++j) {
                dp[k][i][j] = dp[k - 1][i][j] && dp[k - 1][i - 1][j] && dp[k - 1][i][j
- 1] && dp[k - 1][i - 1][j - 1];
                if(dp[k][i][j]) {
                    r = k;
                }
            }
        }
    }
}
```

```
        cout << r << endl;
        return 0;
}
```

接下来再考虑一个类似的问题：

例 4-18

题目名字：P2701 [USACO5.3]巨大的牛棚 Big Barn。

题目描述：

农夫约翰想要在他的正方形农场里建造一座正方形的大牛棚。他讨厌在他的农场中砍树，想找一个能够让他在空旷无树的地方修建牛棚的地方。假设农场可以划分成 $n×n$ 的方格。输入数据会给出哪些位置有树。任务是计算并输出，在他的农场中，不用砍树而能够修建的最大正方形牛棚的边长（牛棚的边必须和水平轴或者垂直轴平行）。

输入格式：

第1行包含2个整数 n 和 t，表示农场的边长和农场里树的数量。

接下来 t 行，每行包含2个整数，表示每棵树所在位置的行和列。

输出格式：

1个整数，表示牛棚的最大边长。

输入样例：

8 3

2 2

2 6

6 3

输出样例：

5

数据范围：

$n \leqslant 1000$。

 思路分析：

本例题和例 4-17 基本一样，只是数据范围不同。例 4-17 中的 n 的最大取值是 100，所以我们用复杂度为 $O(n^3)$ 的算法可以解决问题。而这道例题 n 的最大取值是 1000，如果还用前面的做法，花费的时间和空间都无法接受，必须找到一个更优化的解决问题的办法。

不妨定义一个二维数组，用 dp[i][j] 存放以第 i 行第 j 列的点 (i,j) 作为右下角能组成的合法正方形的最大边长（见图 4.7），考虑这个点能否从其他点的结果直接计算出来。

我们要求的 dp[i][j] 表示的是图 4.7 中粗线框起来的正方形的边长，现在考虑一下阴影部分正方形的边长，它以点 $(i-1,j-1)$ 作为右下角，所以这个边长存储在 dp[i-1][j-1] 中。容易发现，dp[i][j]最大比 dp[i-1][j-1]大 1 个单位。因为如果粗线的正方形比阴影的正方形边长大 2，那么阴影部分表示的就不是以点$(i-1,j-1)$作为右下角的最大正方形了，它的边长可以更大 1 个单位，在图 4.8 中，阴影部分正方形边长可以再扩大 1 个单位。

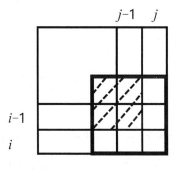

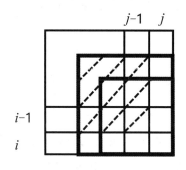

图 4.7　巨大的牛棚 1　　　　　　　　图 4.8　巨大的牛棚（2）

同理，以点$(i-1,j)$和点$(i,j-1)$作为右下角的正方形的边长也会限制 dp[i][j]的上限。当点(i,j)不是树时，dp[i][j] = min{dp[i][j-1], min{dp[i-1][j], dp[i-1][j-1]}}+1。与例 4-17 一样，需要将数组 dp 初始化为边长为 1 的正方形。

代码示例如下：

```cpp
#include <iostream>


#define MAXN 1005
using namespace std;
int farm[MAXN][MAXN];
int dp[MAXN][MAXN];//dp[i][j]表示以点(i,j)作为右下角能够形成的最大正方形的边长
int n, t;

int main() {
    cin >> n >> t;
    for (int i = 0; i < t; ++i) {
        int a, b;
        cin >> a >> b;
        farm[a][b] = 1;//有树
    }
    int r = 0;
    for (int i = 1; i <= n; ++i) {
        for (int j = 1; j <= n; ++j) {
            if (farm[i][j] == 0) {
                dp[i][j] = min(dp[i][j - 1], min(dp[i - 1][j], dp[i - 1][j - 1])) + 1;
                r = max(r, dp[i][j]);
            }
        }
    }
    cout << r << endl;
    return 0;
}
```

在学习完上面两个经典的多维动态规划问题后，我们再来看一个有些难度的问题。

例4-19

题目名字： P1006 传纸条。

题目描述：

小渊和小轩是好朋友也是同班同学，他们在一起总有聊不完的话题。在一次素质拓展活动中，班上的同学被安排组成一个 m 行 n 列的矩阵，而小渊和小轩被安排在矩阵对角线的两端，因此，他们就无法直接交谈了。幸运的是，他们可以通过传纸条来进行交流。纸条要经由许多同学才能传到对方手里，小渊在矩阵的左上角，坐标为(1,1)，小轩在矩阵的右下角，坐标为(m,n)。小渊传给小轩的纸条只可以向下或者向右传递，而小轩传给小渊的纸条只可以向上或者向左传递。

在活动进行中，小渊希望给小轩传递一张纸条，同时希望小轩给他回复。班里每个同学都可以帮他们传递，但只会帮他们一次，也就是说如果此人在小渊递给小轩纸条的时候帮忙，那么在小轩递给小渊纸条的时候就不会再帮忙。反之亦然。

还有一件事情需要注意，全班每个同学愿意帮忙的热心程度有高有低（注意：小渊和小轩的热心程度没有定义，输入时用 0 表示），可以用一个 0～100 的自然数来表示，数值越大表示越热心。小渊和小轩希望尽可能找热心程度高的同学来帮忙传纸条，即找到来回 2 条传递路径，使得这 2 条路径上同学的热心程度之和最大。现在，请帮助小渊和小轩找到这样的 2 条路径。

输入格式：

第 1 行有 2 个用空格隔开的整数 m 和 n，表示矩阵有 m 行 n 列。

接下来的 m 行是一个 $m×n$ 的矩阵，矩阵中第 i 行 j 列的整数表示第 i 行第 j 列的同学的热心程度。每行的 n 个整数之间用空格隔开。

输出格式：

1 行，包含 1 个整数，表示来回 2 条路径上参与传递纸条的同学的热心程度之和的最大值。

输入样例：

3 3

0 3 9

2 8 5

5 7 0

输出样例：

34

思路分析：

这个问题看上去很复杂，如何做到找到两条不重复的路径且保证热心程度之和最大呢？很明显，使用贪心策略是不能保证答案正确性的，必须设计一个动态规划的方案。

另一个问题是，题目中要求找到两条路径，一来一回。但是在动态规划的过程中并不记录路径，只记录最优路径上的结果。所以在搜索返回路径时，我们并不知道哪些点用过了，也就可能会使用来的时候已经用过的点。

能否改变一下思路？我们不找一来一回两条路径，而是从起点同时出发，搜索两条路径，要求两条路径不能走到同一个点上，这样就不用记录路径了。观察图 4.9，假设目前从起点出发的两条路径分别走到了 A 点和 B 点。下一步 A 点可以向右走到 C 点，或者向下走到 D 点；B 点可以向右走到 D 点，或者向下走到 E 点。容易发现，无论怎么走，下一步的点都在同一条副对角线上。因此，使用副对角线作为动态规划的状态是一个很好的选择。除此之外呢？我们要求两条路径不能有交点，不妨再设两个状态，分别是两条路径处在当前这条副对角线上的具体位置。实现方法如下：第一个维度是当前这条副对角线上任意一点的横、纵坐标之和（根据副对角线的特性，同一条副对角线上的点，行和列的坐标之和相等）。第二个维度是比较靠左边的点的纵坐标（行）。第三个维度是比较靠右边的点的纵坐标。

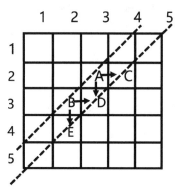

图 4.9　从起点出发同时搜索两条路径

代码示例如下：

```cpp
#include <iostream>
#include <cstring>

using namespace std;
int m, n;
//每个同学的热心程度
int heart[51][51];
//把这个问题看成从左上角开始，同时搜索两条路径，不能相交
//每一个阶段，沿两条路径各自往前走一步，始终在一条副对角线上
//第一个维度是当前这条副对角线上任意一点的横、纵坐标之和
//第二个维度是比较靠左边的点的纵坐标（行），第三个维度是比较靠右边的点的纵坐标
int dp[101][51][51];
```

```
int da[] = {0, 0, -1, -1};
int db[] = {0, -1, 0, -1};

//检测纵坐标为 a、横纵坐标之和为 sum 的点是否合法
bool valid(int a, int sum) {
    if (!(a >= 1 && a <= m)) {
        return false;
    }
    if (!(sum - a >= 1 && sum - a <= n)) {
        return false;
    }
    return true;
}


int main() {
    cin >> m >> n;
    for (int i = 1; i <= m; ++i) {
        for (int j = 1; j <= n; ++j) {
            cin >> heart[i][j];
        }
    }
    //初始化为负无穷大
    memset(dp, ~0x3f, sizeof(dp));
    dp[2][1][1] = 0;
    for (int i = 3; i < m + n; ++i) {
        for (int j = m; j > 1; j--) {
            if (!valid(j, i)) continue;
            for (int k = j - 1; k >= 1; --k) {
                if (!valid(k, i)) continue;
                for (int l = 0; l < 4; ++l) {
                    int a = j + da[l];
                    int b = k + db[l];
                    if (valid(a, i - 1) && valid(b, i - 1)) {
                        dp[i][j][k] = max(dp[i][j][k], dp[i - 1][a][b]);
                    }
                }
                dp[i][j][k] += heart[j][i - j] + heart[k][i - k];

            }
        }
    }
    cout << dp[m + n - 1][m][m - 1];
    return 0;
}
```

4.6　本章习题

（1）线性动态规划：

P1439 【模板】最长公共子序列

P2758 编辑距离

P1091 合唱队形

P1140 相似基因

P1279 字串距离

（2）背包动态规划：

P1049 装箱问题

P1757 通天之分组背包

P2066 机器分配

P1855 榨取 kkksc03

P2722 总分 Score Inflation

P2639 Bessie 的体重问题

P1115 最大子段和

P1802 5 倍经验日

P2736 "破锣摇滚" 乐队 Raucous Rockers

（3）区间动态规划：

P1063 能量项链

P1040 加分二叉树

（4）多维动态规划：

P1508 Likecloud-吃、吃、吃

P1417 烹调方案

P1736 创意吃鱼法

P1541 乌龟棋

P1052 过河

P1077 摆花

P1043 数字游戏

P1057 传球游戏

反侵权盗版声明

电子工业出版社依法对本作品享有专有出版权。任何未经权利人书面许可，复制、销售或通过信息网络传播本作品的行为，歪曲、篡改、剽窃本作品的行为，均违反《中华人民共和国著作权法》，其行为人应承担相应的民事责任和行政责任，构成犯罪的，将被依法追究刑事责任。

为了维护市场秩序，保护权利人的合法权益，我社将依法查处和打击侵权盗版的单位和个人。欢迎社会各界人士积极举报侵权盗版行为，本社将奖励举报有功人员，并保证举报人的信息不被泄露。

举报电话：（010）88254396；（010）88258888

传　　真：（010）88254397

E-mail：　dbqq@phei.com.cn

通信地址：北京市海淀区万寿路 173 信箱

　　　　　电子工业出版社总编办公室

邮　　编：100036